U0339801

地学哲学

价值研究

张秀荣 著

DIXUE ZHEXUE

JIAZHI YANJIU

知识产权出版社

全国百佳图书出版单位

图书在版编目（CIP）数据

地学哲学价值研究/张秀荣著. —北京：知识产权出版社，2019.6
ISBN 978 - 7 - 5130 - 6114 - 8

Ⅰ.①地… Ⅱ.①张… Ⅲ.①地球科学—科学哲学—研究 Ⅳ.①P5 - 02

中国版本图书馆 CIP 数据核字（2019）第 034103 号

责任编辑：贺小霞　　　　　　　　　责任校对：潘凤越

封面设计：刘　伟　　　　　　　　　责任印制：孙婷婷

地学哲学价值研究

张秀荣　著

出版发行：	知识产权出版社 有限责任公司	网　　址：	http：//www.ipph.cn
社　　址：	北京市海淀区气象路 50 号院	邮　　编：	100081
责编电话：	010 - 82000860 转 8129	责编邮箱：	2006HeXiaoXia@ sina.com
发行电话：	010 - 82000860 转 8101/8102	发行传真：	010 - 82000893/82005070/82000270
印　　刷：	北京虎彩文化传播有限公司	经　　销：	各大网上书店、新华书店及相关专业书店
开　　本：	720mm×1000mm　1/16	印　　张：	12.5
版　　次：	2019 年 6 月第 1 版	印　　次：	2019 年 6 月第 1 次印刷
字　　数：	220 千字	定　　价：	58.00 元

ISBN 978-7-5130-6114-8

目　　录

总论　地学哲学的时代使命

恩格斯在《自然辩证法》这部宏伟著作中说道："一个民族想要站在科学的最高峰，就一刻也不能没有理论思维。"地学哲学也是这种理论思维的重要组成部分。

习近平总书记强调，一个没有发达的自然科学的国家不可能走在世界前列，一个没有繁荣的哲学社会科学的国家也不可能走在世界前列。坚持和发展中国特色社会主义，哲学社会科学具有不可替代的重要地位，哲学社会科学工作者具有不可替代的重要作用。坚持和发展中国特色社会主义，必须高度重视哲学社会科学，结合中国特色社会主义伟大实践，加快构建中国特色哲学社会科学。因此，在地质科学方面，研究地学哲学就非常重要，对于地学哲学的价值研究，本书主要从地学哲学的历史传承、地学哲学与中华地学文化、地学哲学的经济价值、地学哲学的文化价值、地学哲学的社会价值以及地学哲学的生态文明价值这六个方面着手去进行分析。

进入 21 世纪，地学的发展进入了一个新的纪元。地学哲学提倡的是科学发展，发展问题历来是人类关注的一个重大问题，是人类进步的永恒主题，也是地球科学不变的使命。地学哲学研究地球科学理论与地学实践中的哲学问题，是以马克思主义哲学为主导，研究地球科学理论与地学实践中的普遍联系与一般规律的学科。地学哲学的本体论、认识论、方法论、价值论、科技论、决策论和主体论是地学哲学的重要组成部分。科学发展是社会发展问题和哲学问题，学习实践科学发展观、科学找矿、为人类的社会发展做出自己的贡献，是地学哲学研究的历史使命。

一、地学哲学研究要为建设生态文明服务

习近平新时代中国特色社会主义思想吸取了当今世界关于发展的重要理论成果，顺应了人类社会进步的潮流，总结了新中国成立以来经济与社会发展的经验，特别是党的十八大以来中国特色社会主义建设的伟大成果，强调"四个全面"的战略布局和"五位一体"的发展战略，是一个科学的发展路径，是解决中国一切问题的基础。地学哲学的全部价值，说到底是与时俱进地为经济社会发展服务，并在这个服务过程中谋求自身的发展。

1. 地学哲学研究要为建设美丽中国服务

习近平总书记指出，绿水青山就是金山银山。建设生态文明是关系人民福祉、关乎民族未来的千年大计，是实现中华民族伟大复兴的重要战略任务。"五位一体"的总体布局勾勒出富强、民主、文明、和谐、美丽的社会主义现代化强国的壮美景象，其中建设"美丽中国"，提出了旨在解决中国特殊的自然生态环境现状、经济发展水平、文化建设状况、社会政治条件以及人口素质等问题的可持续发展观，提出了一条符合中国国情的社会主义生态文明的建设道路。在人类社会发展的历史中，特别是工业革命以来，人类创造了前所未有的物质财富，但也出现了全球范围内的环境破坏。资源过度消耗和贫富差距加大等一系列重大问题，严重威胁和阻碍着人类社会的生存和发展。于是，人类不得不重新审视人与自然的关系、经济和社会发展的关系、当代与未来的关系；不得不回过头来审视自己已经走过的发展道路，进而寻找一条既能保证经济增长和社会发展，又能维护生态良性循环的全新发展道路。对此中国共产党相继提出了科学发展观和五大发展理念，既是对人类可持续发展思想的传承，又是党在新时代针对我国现实国情的一大理论创新，意义重大而深远。党的十九大报告明确提出："必须坚定不移贯彻创新、协调、绿色、开放、共享的发展理念。"并且提出了"四个全面"和"五位一体"的新要求。这是对改革开放以来我国经济与社会发展实践的高度概括和总结，也是走新型工业化道路，实现全面建成小康社会目标的有力保障，是新的科学发展观。习近平新时代中国特色社会主义思想体现了以人民为中心的终极关怀，展示了和谐的精神境

界，突出了公正的价值导向，坚持以习近平新时代中国特色社会主义思想为指导，统筹人与自然的和谐发展，我们的明天将更加美好。

2. 地学哲学研究要为建设生态文明服务

人类社会的发展经历了原始文明、农业文明和工业文明三个阶段，人类与自然的关系也相应经历了原始统一、朴素和谐与紧张失衡三种发展状态。今天，人类所拥有的工业文明与人类生存环境有序及稳定发生了激烈的冲突，人与自然的关系呈现出紧张失衡的状态。这种状态愈演愈烈，致使人类处于全球性生态环境的危机之中。人类新的生存困境是由于人与自然的关系紧张而产生的，新的生存困境已经关系到整个人类的持续生存和发展，摆脱这种困境的出路，不仅要依靠科学技术的投入、制度法规的建设，而且要依靠道德上的启迪，通过影响和改变人们的价值观念来增强人们保护生态环境的自觉性，激发人们保护生态环境的道德责任感，保证人类与自然和谐共生，并在与自然和谐相处中持续生存和发展。党的十八大提出了中国特色社会主义"五位一体"总体布局，以习近平同志为核心的党中央把生态文明建设摆在改革发展和现代化建设的全局位置，坚定贯彻新发展理念，不断深化生态文明体制改革，推进生态文明建设的决心之大、力度之大、成效之大前所未有，开创了生态文明建设和环境保护新局面。中国已经开启了走向人类文明的第四个阶段，即生态文明阶段。地学哲学的研究和价值就是为中国的生态文明建设服务，这也是地学哲学的生命力之所在。

二、地学哲学研究要坚持以人民为中心

坚持以人民为中心是党的十九大报告提出的基本方略之一。中国特色社会主义生态文明建设，必须坚持人民主体地位，地学哲学研究也要把人民对美好生活的向往作为自身发展的奋斗目标。

1. 地学哲学研究要为实现群众愿望、满足群众需求、维护群众利益服务

以人民为中心，从人地关系看，地学哲学研究要注重解决满足人的需求和人类自身两类问题。满足人的需求方面，以人民为中心，就是要把人作为发展的根本动力；就是要把"人才强国"战略作为我国发展的根本战略；就是要

把满足人的全面需求和促进人的全面发展作为经济社会发展的根本目标，从人民群众的根本利益出发谋发展、促发展，不断满足人民群众日益增长的物质文化需要，切实保障人民群众的经济、政治和文化权益，让发展的成果惠及全体人民。应该看到，从单纯追求经济增长，到促进经济、社会和人的全面发展，是我国社会发展的一大进步。新的发展理念体现了以人民为中心的终极关怀；从人类自身发展方面看，人口众多是中国的基本国情，面对经济发展、人口增长、环境保护、资源利用、地区发展等方面的复杂矛盾和问题，解决好人口问题，是实现我国经济社会协调发展和可持续发展的关键。要加强法制建设，组织、协调有关部门和社会各界共同实施人口政策和人口方案；要加强人口素质提升战略研究，制定人口中长远发展规划，将控制人口数量、提高人口质量与经济发展、消除贫困、保护生态环境、合理利用资源、普及文化教育、发展卫生事业等紧密结合起来，努力从根本上解决人口与发展问题。地学哲学的研究也围绕与人民群众切身利益相关的问题展开，这也是地学哲学发展的根基。

2. 地学哲学研究要为保障人民群众权益提供理论依据

人类劳动是自然界物质、能量、信息交换的形式。随着社会物质生产的发展，促进这种交换，极大地加速了地球表面物质演化的进程。这表现为地球表面物质有序化、生物地球化学平衡、地球物质财富化、物种灭绝的过程加快、人类和地球共同进化。在人类与地球相互作用中，一方面，自然界决定人，即人类的自然化；另一方面，人作用于自然，即自然的人类化。在人类的自然化与自然的人类化中，保障人民群众的经济、政治和文化权益，让发展的成果惠及全体人民是地学哲学的理论依据。在现代科学技术高速发展的条件下，人与自然的相关性会越来越紧密，越来越完善。这要求人类有相应的社会组织形式、合理的社会制度和政策与之相适应；要求有符合时代的生产方式和生活方式与之适应；要求有更高文化、更大创造力与责任感的人与之相适应，这就是人获得全面自由发展的物质基础。这种人与自然的相关性表现为人与社会主体、人与自然客体的统一；人的实践目的是主观与自然规律客观的统一。忽视自然，违反自然规律，就表现为主体与客体的冲突，当代环境问题越来越严重，便是这种冲突的突出表现。只有通过调节人和社会活动，使之符合客观规律，这种冲突才能得以解决。地学哲学研究就是要通过人与自然诸多相互关系的对立统一性，揭示人与自然的和谐发展的科学必然性。

3. 地学哲学研究要为促进社会和谐提供理论支持

人类与地球相互依赖、相互促进、共同进化是地学哲学价值研究的理论基础。地球表面是人类活动的场所，人类活动急剧地改变着地球表面的面貌。人类在创造他们生活的两个世界：人类社会包括社会圈、技术圈和智慧圈；自然界包括大气圈、水圈、岩石圈和生物圈。人类在创造自己的社会历史的同时，再生产整个自然界，即"人类学的自然界"或"社会的自然"。这两个世界是"高度相关"的，已经相互渗透和不可分割地交织在一起。当我们在认识上把它们分为两个世界或有质的区别的两个世界时，是表示人类与地球相互作用，形成对立统一的关系。这种对立统一作为一种重要机制，是保证人类与地球共同进化的活力；人类与地球相互作用，本质上是一种合作关系。人类通过自己的活动，包括以科学技术发展为特征的认识活动以及开发利用自然为特征的实践活动，都促进了自然界的进化；同时，自然界作为人类活动的对象，它提供了人类活动和人类生存的全部需要。人类和地球的这种合作关系，用生态学术语来表述是"互利关系"，即人地关系具有互利共生的性质。这种合作关系具有相对性，包括了它们的适应性选择和制约。今天人类生活的两个世界即人类社会和自然界，正处于深刻的矛盾与冲突之中。严重的环境污染和生态破坏，是这种冲突的具体表现。它同时威胁着两个世界；而且，它也表现了自然界对人的世界的选择压力和制约。这就要求调节人及其社会活动，按照客观事物发展的规律和人地协调发展的规律，把人类活动限制在生态许可的限度内。这种环境选择压力形成一种制约，要求人类的适应性选择，通过人类的智力进化和活动进化，即人和社会活动的自觉调节，实现人地关系协调。在客观上，它既符合人的需要，又符合生物圈发展的需要。因此，人类与地球相互作用的合作关系以及它们的适应性选择和制约，是两者相互作用的机制。这使得两者命运相依和共同进化。人类与地球协调发展、共同进化，既是客观的历史发展，又是客观历史的发展规律。人民是建设和谐社会的主体，也是创造社会财富的主体。要激发全社会的活力，首先要善于引导和激发人民的创造力，要尊重人民的首创精神，尊重改革和发展的创新实践，这是和谐社会的坚实基础。财富的创造是前提，是第一位的。如何创造财富，如何分配财富？这是经济发展、社会稳定、人民富裕的最重要和关键的问题。但是这个关键的问题不能离开环境选择压力的制约。如何破解制约，是地学哲学研究的重要任务。

三、地学哲学研究要为实现新时代宏伟蓝图服务

党的十九大报告为新时代宏伟蓝图做了全面的部署，是经济建设、政治建设、文化建设、社会建设和生态文明建设"五位一体"的有机整体。地学哲学研究要为实现这个宏伟蓝图服务，就必须研究人地协调发展规律。关于人地协调发展规律，朱训同志1996年在《协调人与自然的关系，开拓地学哲学探索的新领域》一文中，对人地关系做了比较全面的理论概括：人地关系主从律，即人首先是自然的产物，人地之间存在客观的主从关系，人对自然的改造必须遵从自然规律的规律；人地系统反馈律，即人对地的能动作用总会伴随地对人的控制递进律，即人类越是发展，对地的可控能力越强；人地依赖递进律，即人类社会越是发展，对地的客观依赖性越高的规律；人地发展规律，即人类进化、社会进步的过程，必然是人类对地球资源与自然环境了解、占有、利用和合理改造的增长过程，否则便是退化和退步过程的规律；人地适应律，即人类社会在生存发展中的功能释放必须合于地球资源的合理更新与维持条件，地球资源环境体系的功能释放必然制约人类社会生存发展的条件，只有这样才能实现人地系统协调发展。它揭示人类经济社会发展不只是内部的平衡发展，而是上升到经济、社会、资源、环境整体上的全面协调发展。

1. 地学哲学研究要为"五大文明"的整体推进服务

地学哲学要从物质与精神、经济基础与上层建筑的对立统一关系处理中促进物质文明、精神文明、政治文明、社会文明和生态文明建设。人类历史从某种意义上讲是人地关系史。人地关系的历史发展，经历了从自然统治人，到人统治自然，再到人地协调论的发展的历史进程。人们对人地关系的认识也是历史发展的，这表现为占主导地位的人地关系思想，也有一个从地理环境决定论，到人统治自然的思想，再到人地协调论的发展过程。在人地关系史上，无

论是古代的自然统治人，还是近现代以来的人统治自然，它都是人类进步不完善、人地关系不成熟的表现。这种关系表示人类与地球的矛盾，从对立走向冲突，既不符合人类利益，又不符合自然界的利益。这种关系的产生和发展具有必然性，又具有历史性，它必被更为合理的关系取代。树立正确的辩证统一的自然观和历史观，建立整体性的人地关系观念，不是关于纯粹自然的观念，而是包含人和社会因素的社会自然观。人类实践是从自然到历史，通过人类实践把自然过程和社会过程衔接起来，实现地学辩证法和社会历史辩证法的统一。建设生态文明不仅是物质文明，而且还是代表国家和广大人民群众根本利益的精神文明和政治文明。生态文明的内容必须在精神文明和政治文明中得到反映，尤其应在精神文明中得到反映。生态文明在政治文明当中，要以生态经济政绩观取代片面的、表面的经济政绩观。要求人们树立科学的自然观、社会观、价值观。在精神文明当中，要在全社会形成普及生态知识、尊重生态规律、遵守生态道德的氛围，这样从根本上荡涤灵魂，提高全民族素质；要形成一种高尚的社会氛围，过去讲思想教育往往只重视社会观的教育，实际上社会观和自然观是不可分离的。科学的自然观的教育不等于一般科学技术知识的普及，而是哲学思想的灌输，只有这样，才能产生切实而持久的动力。

2. 地学哲学研究要为可持续发展服务

我国人口众多、资源短缺、生态脆弱的状况，决定了我们在发展过程中不仅要尊重经济规律，更要加倍尊重自然规律，充分考虑资源和生态环境的承载能力，珍惜资源，合理开发和节约使用各种资源，实现永续利用。一个多世纪以来，人与自然资源的矛盾随着人口的增长也在日益加剧，并越来越显出对社会发展的限制作用。早在20世纪60年代，美国经济学家鲍尔丁就指出：地球就像一艘在太空中飞行的宇宙飞船，要靠不断消耗和再生自身有限的资源而生存，如果不合理开发资源，肆意破坏环境，就会走向毁灭。为了保持自然资源的可持续发展，必须以循环经济理念和无公害技术为依托，进行产业革命；加紧产业结构调整和技术改造，逐步淘汰高耗能、高污染的工业技术，推广节约资源、无污染的工艺技术和方法；依靠科学技术提高资源利用率和资源经济效益，实现资源产业化，把自然资源作为一种资产，对其实物量和价值量进行清查，建立绿色检算体制。必须建立健全资源系统的法制管理，加强宣传教育，改变长期以来形成的"资源无价、环境无限、消费无虑"的错误思想，把合理开发利用资源、保护资源、节约资源、保护全人类生存环境变成每个人的自觉行动。中国作为一个发展中国家，是在经济和技术水平较低、生态较为脆弱、人口压力十分巨大的情况下进行现代化建设的，这决定了中国在现代化建设过程中，必须切实保护资源和环境，不仅要安排好当前的发展，还要为子孙后代着想，决不能吃祖宗饭，断子孙粮，走浪费资源和先污染后治理的路子。党的十九大报告要求我国社会主义现代化建设必须是贯彻新的理念的建设，即创新、协调、绿色、开放、共享。其中绿色注重的是解决人与自然的和谐问题，绿色是永续发展的必要条件。人类发展活动必须尊重自然、顺应自然、保护自然，否则就会遭到大自然的报复，这个规律谁也无法抗拒。绿色发展，就是要解决好人与自然的和谐共生问题，坚定走生产发展、生活富裕、生态良好的文明发展道路，加快建设资源节约型、环境友好型社会，形成人与自然和谐发展的现代化建设新格局，推进美丽中国建设。

3. 地学哲学研究要为实现自然生态系统和社会经济系统的良性循环服务

新中国成立 70 年我国取得了举世瞩目的成就，已经成为世界第二经济大国。我们在看到成就的同时也清醒地看到，这个经济总量成就的取得，有一部分是建立在高投入、高消耗、高排放、不协调、难循环的增长方式之上，这与以人民为中心、贯彻绿色发展理念的要求还有很大差距。因此，我们必须按照新的绿色发展的要求，坚持供给侧结构性改革，坚持质量第一、效益优先，推动经济发展质量变革、效率变革、动力变革，提高全要素生产率。地学哲学研究，旨在唤起人们对环境保护的自觉行为，关注人地依赖递进律、人地发展规律、人地适应规律等人地系统功能耦合原理，从而提升公民生态伦理意识。因此，要从保护和维护人类的整体利益和长远利益的高度，来思考和对待自然生态环境问题，把生态伦理意识内化为广大公众的良心，为保护自然生态环境成为广大公众的自觉行动做出地学哲学应有的贡献。

四、地学哲学研究要为建设现代化经济体系提供理论支撑

伴随中国特色社会主义进入新时代，我国经济已由高速增长阶段转向高质量发展阶段，正处在转变发展方式、优化经济结构、转换增长动力的攻关期。建设现代化经济体系是我国发展的战略目标，也是转变经济发展方式、优化经济结构、转换经济增长动力的迫切要求。只有形成现代化经济体系，才能更好顺应现代化发展潮流和赢得国际竞争主动，也才能为其他领域现代化提供有力支撑。现代化经济体系，是由社会经济活动各个环节、各个层面、各个领域的相互关系和内在联系构成的一个有机整体。其中的一个重要环节就是要建设资源节约、环境友好的绿色发展体系，实现绿色循环低碳发展、人与自然和谐共生，牢固树立和践行"绿水青山就是金山银山"的理念，形成人与自然和谐发展的现代化建设新格局。从地学哲学的角度看，就是统筹兼顾人地辩证关系的方方面面，统筹兼顾解决人地关系的突出问题。当前，我们要辩证地认识物质财富的增长和人的全面发展的关系，转变重物轻人的发展观念；要辩证地认识经济增长和经济发展的关系，转变把增长简单地等同于发展的观念；要辩证地认识人与自然的关系，转变单纯利用和征服自然的观念。而且，在发展过程中不仅要尊重经济规律，更要倍加尊重自然规律，充分考虑资源环境承载能力。地学哲学研究要为统筹发展提供理论支撑，地学哲学本身首先要统筹兼顾。

1. 提高学术研究水平，增强为现代化经济体系服务能力

从经济、社会、生态协调发展需要出发，地学哲学的基础研究、应用基础研究与应用研究统筹兼顾。长期以来，地学的主要任务，是勘查、开发利用资源，以满足社会发展需要，支持经济社会发展。随着科学技术进步和社会生产力发展，人与自然关系的性质发生变化，环境问题、人口问题、粮食问题，它们对于社会发展来说已经同资源问题同样重要。发展循环经济，建立资源节约型环境友好型社会发展机制，为社会发展提供可持续利用的资源基础和生存环境。在人类文化发展过程中，由人类过去的生存斗争所引起、成为威胁当今人类生存的中心问题，并将由现在和未来的人类生存斗争所解决，地学哲学对这

个问题必须有清醒的认识。人类必须改变过去以损害自然界生存的方式来谋求自己生存的做法，通过环境保护和自然保护，以维护自然界生存。要通过生产方式和生活方式的变革，改变它反自然的方向，保护生态，协调两者的关系以做到两者并存共荣为目标。地球适宜生命生存的条件是由生命创造和维持的，特别是绿色植物的光合作用，它转化和积累太阳能，包括人在内的地球上的全部生命，都依靠植物的光合作用维持生命。人类依赖自然界生存，这是不可避免的。地球上没有人，其他生命照样存在；但是，要是没有植物，或者要是没有昆虫和微生物，人类只能存活几个月，我们必须尊重生命和自然界。40 多亿年的地球演化史，300 多万年的人类进化史，5000 多年的人类文明史，200 多年的工业史，我国 40 年的改革开放史，让我们得出这样一个结论："人类已经不得不进入人类与地球和谐发展的时代，人类与地球和谐发展是自然和社会历史发展的必然。"地学哲学只有进一步提高学术研究水平，才能更好地认识世界；只有进一步增强为现代化经济体系服务的能力，才能更好地推动改造世界。地学哲学要从基础研究、应用基础研究与应用研究统筹兼顾。

2. 地学哲学研究要为统筹发展提供理论支持

40 多亿年的地球演化，形成了自然资源空间分布的不均衡和自然资源品质的不均一性。绿色发展理念的提出，是针对我国现实国情做出的必然选择。我国人口多、国土面积大、人均资源拥有量少且分布不均衡，要想实现长远的发展，必须统筹发展，坚持全面、协调、可持续的科学发展。我国改革开放以来的指导思想是坚持以人为中心，走可持续发展道路。但在实际操作中，由于对可持续发展观没有提出明确的社会发展目标和行动方案，加上我国生产力水平低，当务之急是满足人们的物质生活需要，社会发展的实际情况是经济建设唱主角戏，社会发展成了配角，导致资源环境问题没有得到根本缓解，同时又出现了许多深层次的社会发展问题。主要表现为经济社会发展不协调、地区差距依然明显、城乡差距进一步拉大、居民收入差距悬殊、教育卫生等公共事业严重滞后。新的发展理念提出的"创新、协调、绿色、开放、共享"，抓住了问题的要害，必将有助于破解中国未来发展的难题。地学哲学研究要对"五大理念"的理论依据、现实需求、实施难点、对策措施提供哲学回答，为实现"五大理念"提供理论支持。

3. 地学哲学研究要为结构调整经济转型提供理论支持

随着科学技术的不断进步，人类社会生产力结构和人地关系也不断地进行调整。随着生产规模扩大，人类活动必然引起自然界的变化，而且引起的自然界变化也越来越大，这是工业化、城市化进程中不可避免的。经济结构调整和经济转型的人地关系理论基础是人类可以破坏旧的平衡，建设和谐经济结构调整和经济转型的新的平衡，这是螺旋式前进的基本哲学规律。那种唯人类意志论和唯生态是从论都是错误的。建设有益于人的新的自然平衡就要转变经济增长方式。同时，反对铺张浪费，反对显富比阔、追求奢华的生活方式，不提倡盲目超前消费和过度消费。应使消费成为人们不断提高素质的过程，成为抵制不良习俗和腐朽思想形成良好社会风尚的过程，成为促进人的全面发展和社会进步的过程。

4. 地学哲学研究要为促进我国发展中两种物质生产和两种资源良性互动服务

在人与自然的关系中，存在着社会物质生产和自然物质生产两种物质生产。社会物质生产和自然物质生产的成果是人类社会不可或缺的两种资源。社会物质生产和再生产，来源于社会生产力和自然生产力的结合，包括社会物质再生产过程和自然物质再生产过程。甚至在社会物质生产中人类劳动间歇期间，作为物质生产的物理过程、化学过程和生物过程等自然仍在发生作用；在社会物质生产过程以外，自然物质生产过程可提供社会劳动生产同样的物质产品，在满足人的需要方面，它们同人类劳动的产品是一样的。自然物质生产是社会物质生产的基础，但是长期以来，人们只承认社会物质生产，不承认自然物质生产；而且，常常以损害自然物质生产的形式进行社会物质生产。这样就形成了社会物质生产与自然物质生产的尖锐矛盾。长此以往，两种生产（社会物质生产与自然物质生产）的尖锐矛盾，损害了生物圈的生态学基础，包括生物圈的物质循环、水循环和生物地球化学循环，从而损害了人和其他生命的生产条件。人类必须把人类活动控制在生态系统允许的限度内，在每一次新的大规模开发利用自然资源的过程中，社会必须投入新的用于资源保护的资金，以维持自然资源的利用和保护之间的平衡，防止生态潜力的根本丧失。我们要改变以损害自然物质的生产方式进行社会物质生产的做法，调节两种生产的矛盾。这是协调人地关系、促进社会物质生产、充分利用自然物质生产资源的重要途径。

哲学是人类关于物质世界认识与实践经验的升华与总结。地学哲学作为科学哲学的重要组成部分，以马克思主义哲学为指导的研究地球科学及与地学有关工作中哲学问题的一门科学，是马克思主义哲学的一个分支学科，是一门应用哲学。

我国的地学哲学研究有两个鲜明的特点。一是自觉而不讳言地宣称以马克思主义哲学为指导，将其作为自己的世界观与方法论；二是坚持理论与实践相结合，自觉围绕国家现代化建设与社会发展这个中心任务来进行研究活动。

地学哲学研究有自己明确的目的和任务，一是为促进国土资源开发、环境保护和资源环境的协调发展，更好地为建设资源节约型、环境友好型社会服务，实现节约发展、清洁发展、安全发展和可持续发展；二是为促进精神文明建设服务；三是为促进地球科学自主创新与发展服务；四是为促进马克思主义哲学发展服务。地学哲学研究主要通过自己的认识功能、协调功能与方法论功能完成自己的任务。

地学哲学的时代使命，首先要明确的是地学哲学始终秉持着"为国服务"的方针，要坚持科学发展，就是以科学的思想观去发展，从根本上改变过去那种"高投入、高消耗、高排放、不协调、难循环、低效益"的粗放型经济发展方式；要为建设节约型社会服务，地学哲学在提高资源利用效率、减少资源消耗、提高全社会的资源节约意识等方面大有可为；要为局域经济协调发展服务，坚持"一带一路"的倡议构想将我国的区域经济发展带入一个新的阶段，十八大以来，全面深化改革对地学哲学的发展意义深远；要为构建和谐社会服务，地学哲学有为和谐社会服务的义务。

本书的内容包括，总论是地学哲学的时代使命，主要分析地学哲学研究的当代使命；第一章是地学哲学的历史传承，主要对地学哲学的思想渊源、产生与发展以及它的历史评价进行了分析；第二章是地学哲学与中华地学文化，主要分析中华文化典籍中蕴藏的地学哲学思想；第三章是地学哲学的经济价值，主要分析地学哲学对循环经济和可持续发展经济的影响和贡献；第四章是地学哲学的文化价值，阐述了地学哲学的地缘文化价值和创新文化价值；第五章是地学哲学的社会价值，主要阐述了地学哲学的和谐社会价值以及地学哲学与矿业城市转型；第六章是地学哲学的生态文明价值，主要分析了地学哲学的生态学内涵和生态文化价值。

第一章 地学哲学的历史传承

第一节 地学哲学的思想渊源

一、地学哲学的起源

(一) 早期人类对地球的猜想

人类对地球最早的认识和了解是建立在对地球起源、现状和演化的猜测甚至臆想基础上的。关于地球存在和运动状态的最初感悟是与人类诞生的那个久远时刻同时出现的。古代人类认识地球的基本过程，大体经历了两个阶段：从对"身边的"地球细节零星而原始的认识到对地球略模糊的整体了解。

首先是古代人对地球细节零星而原始的认识。早期人类的地学文明是为了满足人类的生活需要而出现的。从二三百万年前到距今一万年前的旧石器时代，是人类文明开始的时期，那时人类认识地球最重要的成果是通过打制各种石器，即制造原始工具而获得的。制造工具的活动，"天然地"把人类与岩石学的某些最初的知识联系在一起。

到新石器时代，人类关于居住地的选择、石质工具原料的辨认和使用，以及陶器的制作等，都已闪烁着早期地学文明的光芒。在公元前 9000—前 7000 年间，人类已能使用自制的、精美的、镶嵌着几何图形的石镰刀和磨制的石斧。产生于公元前 6000—前 5000 年间的陶器制作，表明人类已经对黏土矿物有了相当的认识。

人类最初的地理知识来自人类对自己生活场所及周围环境的初步了解。原始社会人们对自己部落和本地区的山水草木，对地区的特点、方位等都有一定的认识。对各种地质现象的认识也始于这个时期，地震现象早已为人们所关注。同时，在古代的传统文化之中，"矿业文化"也同样丰富多彩，在很多著名的著述中，都记载了有关矿业的历史资料。

其次是古代人对地球整体直观而朦胧的解释。原始的地学知识的产生，一方面满足了人类基本的生活需要，另一方面也满足了人类的一些精神需要。大自然变幻莫测的品性，引发了古人的思考，对天地的关系、宇宙起源等问题的思索、猜想和回答，满足了古人的好奇和精神的需求。这些模糊的解释成为后来地球科学知识和地学哲学思想最早的萌芽。

从人类 5000 年来对地球形状的研究，曾有多次"球"与"非球"的认识反复，这也恰恰是哲学中辩证认识的过程。随着对地球认识和研究的逐步深入，人类开始对地球进行猜想。例如中国古代对地球的猜想：

"坐井观天"时代。在人类历史的早期，由于生产力水平的限制，人们的活动范围十分狭小，人们犹如井底之蛙，对"天"和"地"不可能有一个完整的认识。后来，一些有识之士陆续提出了一些新的观念看法，使得所观得的"天"的范围逐步扩大。原始"浑天"观。人类最早期的"浑天"思想，在中国可以一直上溯到大禹时期。中国古代有"羲和制浑天仪"的说法。那时的浑天仪到底是什么样子，只能从后世对浑天的解释中得知一二。早期有了大地像蛋黄的思想，这可以认为是最早的地球球形说，不过有些朦胧。"盖天说"。"盖天说"是由中国周代的大政治家周公姬旦所创，并且比原始的"浑天观"更为具体："天圆如张盖，地方如棋局"。这种"天圆地方"的观念，在中国长期占据着统治地位。战国时期，有"大九州"之说，认为世界共八十一州，中国为赤县神州。这种对大地的认识较前扩大了视域，否认了中国是世界的中心，但认为世界毕竟只是一块较复杂的大平板。"浑天说"与"宇宙中心说"。汉武帝时，太史待诏落下闳曾制了一个浑仪，对天文学和测量学做出了贡献。东汉时张衡制造的浑天仪无疑是在前者的基础上的一种改进。他明确地肯定了大地的球体形状。在埃及的亚历山大城长大的希腊人托勒密，承袭了西方早期的大地球形说，把赤道分为 360 等分，初步建立了地球的经纬线网，提出了地球宇宙中心说。"浑天说"和"宇宙中心说"对天文学的发展和随后的地理大发现有着重要的意义。但"宇宙中心说"统治天文学和地学界达 1300 年之久，并被教会所利用，由最初的进步学说变为后来禁锢人们思想的桎梏。"第二盖天说"。"第二盖天说"是对"盖天说"的改进。由于"浑天说"对"盖天说"的有力冲击，使坚持"盖天说"的学者不能不加以自我修正。至少成书于西汉时代的《周髀算经》中就有"天像盖笠，地法覆槃"的说法。到了南北朝时期梁朝的沈约在其所著的《宋书·天文》中记载有"天如覆盖，地如覆盆。地中高而四隤，日月随天运转，隐地之高以为昼夜"。这种观点同原来的盖天说最显著的区别，在于认为大地是拱形而不是平板状。后世称为"第二盖天说"。该学说不但承认了天球的存在和绕地旋转，而且认为"北极之下为天地之中"，已具有了较模糊的地轴观念。

（二）早期人类对地学的认知

1. 李特尔与他的《地学通论》

早期人类地学观是地学哲学形成的思想渊源，因为有了早期的猜想才逐渐地有了"地学"一词。地学是地球科学的简称，虽有争议，但多数学者似已有共识，究其溯源，不同时期确有不同定义，且其定义是与时俱进的。18 世纪以前，多以"natural history"作为定义，1792 年德国地理学家 A. F. 布申（Antou Fiedrieh Busehing，1724—1793）发表《新地学》共六卷，较早使用了"地学"一词，由于他侧重在人文地理学方面的成就，没有引起足够重视，影响不大。1817 年德国地理学家 K. 李特尔（Karl Ritler，1779—1859）发表巨著《地学通论》（Die Erdrkande），又名为《地球科学与自然和人类历史》，全称《地理通论，它同自然和历史科学研究与教学的坚实基础》。从 1817 年出版第一卷，到 1859 年共出版 19 卷，全书并没有完成，在他的巨著中，最早阐述了人地关系和地理学的综合性、统一性，其论点奠定了人文地理学的基础，他认为地理学是一门经验科学，应从观察出发，不能从观念和假设出发，主张地理学的研究对象是布满人的地表空间，人是整个地理研究的核心和顶点。他的论点，也充分显示出近代地理学作为一门学科的特点，他创用"地学"一词，替代了洪堡（K. Humbdat, 1769—1859）的"地球描述"，因而闻名于天下，一般说，讨论到"地学"一词的溯源，都以李特尔的观点为准。当然他当时的"地学"定义与现在地学概念并不能相提并论，而他当时的影响确实深远：他1820年首任柏林大学地理学教授，1828年创建柏林地理学会，是德国近代地理学创建人之一，也为近代人文地理学、历史地理学的发展，奠定了理论基础。他从1820年担任柏林大学首任地理学教授，直到1859年9月28日逝世。但也应该提及，由于他受宗教信仰的影响，坚持目的论的哲学观点，认为上帝是构造地球的主宰，相信地球是为了人类生存而由上帝的旨意设计的，是他对地球自然体规律性完全不能理解所作的错误哲学解释。

2. 地学与地学哲学的发源

"地学"一词首先在中文文献出现，一般认为是在1873年，由美国玛高温与华衡芳合作刊印发行的《地学浅识》，原文是莱伊尔（Ch. Lyell, 1797—1875）的《地质学原理》中的第四篇，1838年独立成册，取名《地质学纲》（Elements of Geology），那就是说，"地学"一词首先在中文文献出现，还晚于"地质学"一词。"地质"一词最早出现于英国人慕维廉（Muirhead Willam, 1822—1900）撰写的《地理全志》下篇"地质论"中，1853年墨海书馆出版，整整晚了20年。值得一提的是，1847年出版的《新释地理备考》，[玛吉士（Martins-Marques, Tose）]已把地理分为文、质、政，在质论中，始终没有把地与质联系在一起。

从1873年后，特别在洋务运动中，翻译出版了不少地质矿产书籍，从江南制造局资料中，笔者尚没有发现以"地学"一词命名的书刊。1909年9月张相文（1866—1933）等在天津成立中国地学会，1910年主编出版《地学杂志》，由于该刊一直到1937年共出刊181期，其中关于地质矿产论文80余篇，我国地质学创建者章鸿钊等参与了学会的领导工作。1921年国立东南大学竺可桢教授创建了地学系，设气象与地理科学，1933年清华学堂设地学系，包括地理、地质、气象诸学科，体现出地球科学所包括的宽广范围。

1955 年，中国科学院成立四大学部，其中有生物地学部（后地学部独立）。1959 年，中国科学院举办新中国成立 10 周年科技成就大型展览会，在书写地学部说明书时，再一次对"地学"一词是否确切代表地球科学的问题进行热烈讨论，会上虽有争议，但就地学是地球科学的简称这一点基本达成共识，从此，地学成为地球科学的简称，从而也确定了中科院属的地球科学各学科研究所为地学部所统一管辖。

对于地学哲学这一词，新中国成立后，我们在学术刊物上经常使用的地球科学哲学问题，多是从苏联翻译和借用的，20 世纪六七十年代，通常使用地质学辩证唯物主义和历史唯物主义及辩证法，以涂光炽院士 20 世纪 70 年代发表的《地学中若干思想方法的讨论》为例。

20 世纪 80 年代初，在中国自然辩证法研究会成立大会上，出席会议的地学代表才倡议，成立地质学辩证法专业组，直到 1933 年地质专业组成立大会上才正式确认。1988 年，在朱训同志主持下，筹备第二届学术会议中，才把地质学专业组改为地学哲学委员会，没有延续使用地球科学哲学问题，而造用其简称地学哲学，有意创用一个专用新词，这在北戴河讨论《地学哲学概论》定稿中就有体现。虽然当时还不能做出一个精确的定义，但对地学哲学的性质、目的、功能等做了论述性的阐述。指出地学哲学是以马克思主义哲学为指导，研究地球科学中哲学问题的新兴学科；是近代地球科学与马克思主义哲学相结合的产物，地学哲学研究的目的是以解决人类与地球的关系，特别是产生的矛盾运动，即人与地、人与自然的矛盾运动和规律，即客体（地球）—主体（人）主客体的逻辑结构，即地学哲学的本体论、地学哲学的辩证法和认识论与之相适应的方法论，以及地学—社会发展观和地学价值论等，这在《地学哲学概论》第一版中，有较系统的论述。当时中国人民大学黄顺基教授对地学哲学的性质还做了补充，他指出：地学是哲学的基础、前提和出发点，而马克思主义哲学则是为地学提供了理论思维的原则和方法，两者相互联系、相互渗透、相互作用。他的论述得到与会者们的共识，并写入《地学哲学概论》序言之中。

当然《新编地学哲学概论》就更有系统的论述。特别是朱训同志在《找矿哲学概论》中对地学哲学的内涵，就有更进一步的丰富的发挥。以上所提文献，是大家比较熟悉，又常常运用和引证的，笔者不再赘述。

二、中西方地学哲学的不同认知

（一）西方的地学观

地学哲学思维古已有之，古希腊的自然科学家同时也是哲学家。勒内·笛卡尔、戈特弗里德·威廉·莱布尼茨、约翰·洛克等著名的自然科学也同时是哲学家。关于地学哲学的思想，有学者划分为三个历史形态。一是自然哲学形态的地学哲学思想，如亚里士多德的"四性论"。二是自然科学唯物主义形态的地学哲学思想，如达·芬奇、魏纳、郝屯、莱伊尔的地质思想。三是自然辩证法形态的地学哲学思想。如以马克思主义哲学为指导的恩格斯的《自然辩证法》中的地学哲学思想。由于以下内容是关于西方地学哲学的历史传承，所以将按历史的脉络介绍西方地学哲学的历史作用和意义。

1. 自然哲学形态的地学哲学思想

欧洲哲学史的开端，是古希腊罗马哲学。它的内容丰富，形式多样，是人类认识史上一个伟大的思想宝库，对后来哲学思想的发展有着重要的影响。这时期出现了古希腊最早的哲学思想，即自然形态的地学哲学思想——米利都学派，他们学说的主要特征是，从物质的某种具体形态中去寻找万物统一的基础。泰勒斯写的《自然论》，是希腊第一部哲学著作。他认为，万物的始基是一种没有固定形态和固定性质的原始物质，他称之为"无规定者"。阿那克西曼德的学生阿那克西米尼研究了天文，认为地球是圆的，并提出了气是万物的始基的观点。

古希腊中期的哲学家德谟克利特，提出世界是由原子构成的，并利用原子论说明地球、星辰的形成和许多当时人们以为奇异的物理现象。用原子来说明自然现象的统一基础，把古希腊的唯物主义哲学向前推进了一步。

被马克思称为"古代最伟大的思想家"的亚里士多德具有丰富而精湛的系统思想。他是欧洲思想史上把多门学科进行系统化研究的第一人，提出了

"整体大于各部分之和"的著名论断。20 世纪 30 年代系统论的创始人贝塔朗菲把亚里士多德的这一论断比喻为"基本的系统问题的一种表达"。亚里士多德的自然观对地球科学的发展产生了极大的影响。恩格斯也曾指出,亚里士多德是古代希腊"最博学的人物"。他的科学著作,内容涉及天文学、动物学、地理学、地质学、物理学等。在天文学方面,他认为运行的天体是物质的实体,地是球形的,是宇宙的中心;地球和天体由不同的物质组成,地球上的物质是由水、气、火、土四种元素组成,天体由第五种元素"以太"构成。他在《论天》一书中讨论物质和可毁灭的过程中,指出相互对立的原则冷和热、湿和燥两两相互作用,而产生了火、气、土、水四种元素即"四性说"。他用这种观点建立了宇宙体系且解释地质现象,认为大地是生物的母体,有生成和变化,海洋和大陆都有周期极长的交替变化,各种矿物和岩石都是四种元素在天体的作用下形成的。亚里士多德的学说是其后岩石成瘾的天体论的思想渊源。除这些地上的元素外,他又添上了以太。以太做圆运动,并且组成了完美而不朽的天体。他在《气象学》里讨论了天和地之间的区域,即行星、彗星和流星的地带;其中还有一些关于视觉、色彩视觉和虹的原始学说。亚里士多德是希腊科学的一个转折点,在他以前,科学家和哲学家都力求提出一个完整的世界体系,来解释自然现象。他是最后一个提出完整世界体系的人。在他以后,许多科学家放弃提出完整体系的企图,转而研究具体问题。

可见,古希腊的哲学家的建树,并不仅限于哲学领域,他们在自然科学—地学方面的贡献也是巨大的。他们并非专业的地学研究者,但都对推动世界地学的发展具有不可磨灭的作用。

2. 自然科学唯物主义形态的地学哲学思想

社会生产为地学发展提供了动力基础,而理论则为地球科学提供了生长的土壤。除中世纪及其以前留下的一批关于矿物、岩石等的著作,比如鲁尼的《识别贵重矿物的资料汇编》、阿维森纳的《矿物形成与分类》等外,在 16—18 世纪出现了大批相关成果,如达·芬奇的《地球与海洋》、阿格里科拉的《论金属》、哥白尼的《天体运行论》、笛卡尔及莱布尼茨关于地球形成的理论、斯坦诺的地层叠复规律理论、胡克的《论地震》、罗蒙诺索夫的《论地层》和索修尔的《阿尔卑斯旅行记》等。

地理大发现也是地球科学形成和发展的重要契机。以新大陆探险为主要活动内容的地理大发现主要是出于经济利益的驱动，而在科学的或地学的目的和意义上则相对不足。自从哥伦布发现新大陆以后，主要以考察地质现象为目的的地质旅行和探险开始在欧洲流行，成为世界上颇为时兴之举。虽然有观点认为地理大发现并没有对后来近代地质学或地理学的形成产生多少实质性的影响，但无论如何，地理大发现的重要意义是多样的，它对地球科学的近代化产生了深远的影响。

从哲学的角度来看，被恩格斯称为"第一次把理性带进地质学中"的地质学家赖尔（1830）创立的地质学的现实主义的方法论，用大量确凿的事实说明地壳的变化不是什么超自然力量的突然灾变造成的，而是由于自然的力量如风、雨、水流、潮汐、冰川、火山、地震等各种因素，经过漫长的岁月而缓慢造成的。这种"渐变论"虽然给所谓的上帝多次创造世界的"灾变论"以致命的打击，但却用地球缓慢渐进的变化，代替了居维叶的突然变化，并且否定影响地质变化的各种作用力的种类和数量的演化，否定地球灾变的发生，否定有一个形成和逐渐冷却的过程，这就陷入了形而上学的机械唯物主义。对此，恩格斯曾经有过深刻的评论。

中世纪经院"地学哲学"这个历史时期，是神学的统治时期，其间的自然哲学都打上了神学的烙印，古希腊的灿烂文化在漫长的黑暗中世纪中埋没风尘，黯然失色。哲学是神学的婢女，这一时期的地学哲学也蒙上了一层神学的外衣，直到文艺复兴时期，它才得以重见天日，所以，我们将这段时间内的地学哲学的思想略去。

文艺复兴时期的"地学哲学"。15世纪，文艺复兴的大旗飘扬在欧洲大陆上，自然科学获得新的生命，蓬勃成长。科学巨匠哥白尼、第谷、开普勒、伽利略以及笛卡尔等先后驰名于欧洲。15世纪以来，从哥白尼到伽利略再到牛顿，历经了一个半世纪的科学革命，奠定了天文学、地理学、哲学以及整个自然科学的理论基础，自然科学自此从神学中解放出来。哥白尼的学说不仅改变了那个时代人类对宇宙的认识，而且根本动摇了欧洲中世纪宗教神学的理论基础。从此自然科学便开始从神学中解放出来，"科学的发展从此便大踏步前进"。

地理大发现给人类带来了一个又一个崭新的外部世界，人类在与外部世界的对比中，在大量新发现的事实的比较分析中思索问题，对看上去杂乱无章的万千世界进行分类、归纳，寻求它们的规律。探本求源的科学哲学观最为盛行。地球的起源是什么？人类是怎样产生的？人类的思想行为来源于什么？一系列既是科学又是哲学的重大问题都是地理大发现之后被提出来的。如达尔文的进化论、孟德斯鸠的地理环境决定论、康德的形而上学、马尔萨斯的人口论等。近代科学、哲学的重大理论几乎都与地理大发现的推动有关。

地理大发现证明了地球是圆的，也证实了地球上广大海洋的存在，并弄清了海陆的基本轮廓，明确了地球的形状、大小和运动形式，搜集和积累了大量的海洋、生物、地质资料，引起了地理科学界新的思考，使地理学有可能建立自己的理论体系。只有在19世纪以后，地理学才成为一门独立的成熟的科学。

16世纪末到18世纪中叶是欧洲哲学史上最富有成果的历史时期，这一时期自然科学的发展对资产阶级哲学的形成起了重要的作用。它使资产阶级哲学能以较多的科学成果为依据，充实了哲学的内容；同时，也进入唯物主义哲学发展的第二个历史形态——机械唯物主义。

培根提出经验论哲学，为人们正确认识世界开拓了道路，他创立了科学归纳法，成为发展科学的新工具。他的唯物主义自然观则是为这种新方法提供了理论依据。他认为，要进行科学研究，必须有正确的思想做指导。

18世纪末19世纪初是欧洲社会的大革命时期。古典哲学，包括康德、费希特、黑格尔的古典唯心主义和费尔巴哈的人本主义，成为当时新型资产阶级的哲学，它集多年来欧洲哲学发展之大成，在概括当时自然科学新成果的基础上，取得了划时代的成就。康德既是哲学家又是自然科学家。他在大学任教时，主讲过物理学、自然地理、自然通史等。著作有《宇宙发展史概论》《对地球从生成的最初起在自传中是否发生过某种变化的问题的研究》等。他的两个自然科学假说具有重大的哲学意义。一是关于地球自转速度因潮汐摩擦而延缓的理论；二是关于天体形成、发展和演变的理论——著名的"星云假说"。虽然这两个假说有许多不科学和不完善之处,但他用辩证法考察研究天体,不但创立了"天体演化论",而且对以后天文科学和自然科学的发展起到了极大的推动作用。恩格斯曾经指出"没有这两个假说······今天的理论自然科学便不能前进一步",并认为星云假说所"用的是很科学的方法,以至于他所使用的大多数论据,直到现在还有效"。他的这两个假说有力地推动了自然科学和哲学的发展。

3. 自然辩证法形态的地学哲学思想

黑格尔是德国古典哲学的完成者,他在"地学哲学"上的贡献是著有《自然哲学》一书。他在书中指出,自然界是"绝对精神"的"异化"和外部表现。"精神是从自然界发展而来的",只有产生了有意识的人,才能把自然中的纯概念抽象、解脱出来,成为自觉的概念。他在人们面前描绘出一幅自然历史发展过程的图画,把自然看成一个有机整体,并从有机联系和统一中考察自然事物。他在自然科学上有许多合理的内容和天才的猜测,都为后来的科学发展所证实。

费尔巴哈是杰出的唯物主义哲学家,他创立了人本学唯物主义,承认自然界是物质的、具有质的多样性,它统一于物质性。他认为,自然界是不以人的意志为转移的客观存在,人们的生活离不开自然界,思维也离不开自然界。"人必然从自然界来开始他的生活和思维"。但是人本学唯物主义是肤浅的、不彻底的。

在马克思和恩格斯的著作中,是经常出现"世界历史""世界历史性""世界历史意义"这一类概念的。马克思、恩格斯揭示了人类历史由分散、孤立、闭塞的状况向相互联系、相互影响、整体发展的状况逐渐进化的历程。而这一点正是世界历史整体性最为关键的地方。"马克思的整个世界观"是统一的整体,不应该分割为哲学、科学社会主义和政治经济学三个独立的组成部分。这些都为后来自然科学以及地学的发展奠定了基础。

恩格斯的《自然辩证法》一书概括了以往特别是自19世纪以来的自然科学方面的重大成就,阐明了辩证唯物主义的自然观和自然科学观。他在撰写此书时,一方面概括和总结了当时自然科学的新成就,另一方面也批判继承了黑格尔自然哲学中的合理内容。此书论证了自然界的辩证性质，揭示了自然界的普遍联系和相互作用，指明自然界是一个由低级向高级不断发展的过程，论证了自然科学与哲学的关系，分析了假说在科学发展中的作用，他还阐明了马克思主义的自然观、自然科学观。《自然辩证法》应该算是一本极好的地学哲学书籍，它将地学与哲学完美结合。此书虽未最终完成，但其中所阐发的与科学和自然相关的许多重要的思想对现今的科学研究和地学工作仍具有重要的指导意义。

从地学哲学的发展我们可以看出，随着哲学思想的发展，地球科学也提出了新的理论和新的思想，而这些新的理论和新的思想反过来又推动了哲学和社会其他学科的发展。地球科学的发展，承载着人类社会的发展，是人类社会赖以发展的基础；地球科学的发展也承载着地学文化的发展，推动着人类社会的进步。地学发展的历史也是人类认识地球、认识自然的发展史。建设地学文化也是建设和谐文化、构建和谐社会的重要内容。地学哲学贯穿地学（自然科学）发展的始终，所以，科学家爱因斯坦说："一个科学家不仅要有自然科学思维，更要有哲学思维。"地学哲学所研究的问题，并非只限定在地学的本身，它越来越广泛，涉及生活的方方面面、世界的角角落落；地学的飞速发展和世界的一体化，环境污染问题、厄尔尼诺现象、温室效应等环境问题，人口问题，能源危机问题成为当今世界的最大社会问题，它们既属于社会科学又属于自然科学，从小的方面说也可以归属于地学哲学，可见地学在社会中的重要作用越来越明显，作为指导地学的地学哲学的地位也非同一般，所以，我们的地学哲学更应该以新时代中国特色社会主义思想为指导思想，采用"洋为中用，古为今用"的方针，借鉴西方先进的地学哲学思维，系统研究地学，认真实践，致力于解决中国当今的突出问题，促进人地关系的和谐发展，促进我国社会经济的协调发展，促进人类与地球的和谐发展，使地学哲学成为地学文化的重要组成部分，发挥地学文化的时代功能，在"以人民为中心，创新、协调、绿色、开放、共享"的指导思想下，创造出更多新的内容，进一步促进人口、资源、环境的可持续发展。

（二）中国的地学观

中国地学的特点主要是从中西方哲学的比较角度去探讨，中西方文化存在诸多重要差异，而哲学差异是文化差异的核心内容，从哲学差异中来探讨中国古今地学思想的具体特征，可以发现许多有趣的内在联系，这对于研究地学哲学思维不无裨益。中西方哲学的首要区别在于二者的自然观，中国传统哲学把整个物质世界视为一个有机整体，因而可称为"有机的自然观"；而西方哲学总体则是力图从部分入手来把握世界，认识事物，因而不妨称为"机械的自然观"。其具体表现在以下四个方面。

1. 中国古代哲学把整个自然界看作一个相互联系的有机整体

人是自然界的一部分，是自然系统中不可缺少的因素之一。"万物与我同根，天地与我同体""天地与我并生，万物与我为一""天地一指，万物一马""仁者以天地万物为一体，莫非己也"。总之，"天人合一"。中国哲人很少讲"征服自然""战胜自然""与自然相抗争"一类的话，虽然荀子有过"大天而思之，孰与物畜而制之，从天而颂之，孰与制天命而用之"的"天人相分"的思想，但始终未成为中国文化的主流。这种思想虽与现代生态文明思想相一致，但另外却抑制了人们改造自然的热情和发展科学技术的内在欲求。

中国古代哲学不仅把整个自然界视作一个有机整体，而且将每一具体事物也视作一个有机整体。在这种整体论中，整体与部分表现为非加和式的关系。即整体不等于部分之和，部分与部分之间是相互渗透、相互包含和相互作用的，认识整体比认识部分更重要。从"阴阳"二气的相互消长、"五行"的相克相生到传统医学的经络学说及辨证论治，都表现了这种整体论。

和中国的自然观不同，西方哲学把宇宙看作是由一些最基本的"颗粒"（原子、元素、基本粒子等）铺砌而成的，一些极端的观点甚至把整个自然界看作一架机器，把人体人脑视为具有复杂结构的机械装置（如霍布斯及18世纪的法国唯物论者）。在这种整体论中，整体与部分之间表现为加和式的关系，部分与部分之间存在截然分界面，认识部分可以代替认识整体，因而更有意义如为了了解生命本质，就需将生命体进行解剖，分成骨骼系统、血液循环系统、神经系统等。

受上述整体观的支配，中国先哲们在 2000 多年以前就注意到九州内自然景观的宏观变化，产生了明确的山系概念，并注意到中国山系具有向西收敛、向东撒开的趋势。现代中国地质学中的诸大地构造学派，亦带有立足于全球构造的系统论思想。

2. 中国哲学把世界统一于物质性的"气"或"道"

这不同于西方哲学把世界要么统一于某种具体的物质形态（如水、火等），或某一具体物质层次（如原子），要么统一于某种精神实体（如理念等非中国哲学的"气"或"道"作为万物的统一基础），具有自本自根的特征。其特征与现代的"物质"概念有相通之处。"覆天载地，廓四方，析八极，高不可际，深不可测，包裹天地，享授无瓜"；总之，"通天下一气耳"，"气"或"道"是永恒存在、万古不朽的，具有"物质不灭"的特征。"一物能化谓之神，一物能变谓之智，化不易气，变不易智"；又说气，"化物者来尝化也，其所化则化矣。"即宇宙万物运动不止，流转不息，但作为其统一的基础，物质性的"气"或"道"则是不变不化的。

3. 中国哲学中的"天道"与人性相贯通

"人法地，地法天，天法道，道法自然"。作为宇宙本根和存在规律的"道"，同时又是人生价值、伦理道德的标准和行为规范即知（知识）与行（道德践履）相统一，知识范畴的"真"与道德范畴中的"善"相统一。"天命靡常，惟德是从，民之所欲，天必从之"，"道未始有天人之别，但在天则为天道，在地则为地道，在人则为人道。"人可以由"尽心"到"知性"，由"知性"到"知天"，以达到人与天的和谐统一。在西方哲学中，"意志自由"恰好在于对自然规律的独立性，意志法则是一种纯粹超越经验的形式，非人所能感觉、认识。在基督教神学中，在凡尘与天国之间更是有一条不可逾越的鸿沟。

4. 中国哲学中"天、地、人"的统一性

不仅人性可以通"天道"，而且宇宙中万事万物的部分都可以映像其整体，整体之中有部分，部分又是一整体，每一层次的部分与整体之间都具有

"分形"或"自相似"的特点。《周易》的核心思想是，人类万物普遍具有天地（阴阳）的结构特点和主从关系，即天为阳，地为阴；在天则日为阳，月为阴；在地则春夏为阳，秋冬为阴；昼为阳，夜为阴；男为阳，女为阴；父为阳，母为阴……在中医学中，这种部分映像整体的思想十分丰富。以《黄帝内经》为例，如"五脏六腑之精气，皆上德于目而为精"，"耳者，宗脉之所聚也"，"十二经脉，三百六十五络，其血气皆上于面而是空窍"。这就是说，中医把人的眼、耳、鼻、手足等均视为一个个可与整个人体五脏六腑相映像的小人体。

（三）中西方地学哲学的异同

在西方哲学中，尽管也有部分映像整体的思想，但究其实质，多是把部分与整体简单化地等同，如毕达哥拉斯的"一"、德谟克利特的"原子"等，实际上都认为存在一个铺砌世界大厦的最小砖块，这些砖块在质上与整个宇宙大厦完全相同这同样反映出其机械的整体观。

中国传统哲学中的这种"全息论"思想，对中国现代地质学有明显影响。如李四光、张伯声、张文佑等均提出了"大小构造不分家"，在运动方式及形成机理等方面小构造可以映像大构造，对小构造的研究可以对大构造研究产生启迪，尤其是张伯声的波浪镶嵌构造学说，把地壳看作一级套一级的波浪状构造交织网络，"块中有条，条中有块"，一直到显微构造这些构造网的任一层次在结构和功能上都可相类比。

中西哲学的重要差别之二，表现在二者的侧重点上，西方哲学从古希腊开始，就以数学、几何学、物理学知识为依托，把物理、机械的运动等自然现象作为自己的研究对象。从毕达哥拉斯派的"动"与"静"、芝诺的"四个悖论"、亚里士多德的"四因"说，一直到文艺复兴后的培丰昆、霍布斯、笛卡尔及18世纪的法国唯物论者，哲学家着重讨论的都是机械的、物理的运动。中国哲学则不同，中国哲学对自然现象的认识主要是基于"生命存在"的内在体验，自然现象常被赋以生命的特征。在中国古代哲学看来，宇宙是一个运动不息的生命存在，是一个不断演化的有机系统，生命的"大化流行"和永恒运动构成宇宙、天地、万物最重要的本质。

中西哲学在运动观上的差异，并不主要在于是否承认运动的存在和普遍性，而在于对运动的终极动因的不同理解，"物理论"者把运动的终极原因或归于某种"物理实体"，如亚里士多德的"不动的推动者"、巴门尼德的绝对静止的"存在者"；或归于某种精神实体，如基督教的上帝、黑格尔的"客观精神"等。这些物理实体或精神实体属于超验存在，与现象界是截然相分离的。在中国哲学中，由于把自然界看作是一个有机的整体，生生不息、大化流行便为宇宙机体所固有的根本属性，宇宙万物中都包含着"气"或"道"，这些物质运动的"本根"与万物是一种不即不离的关系，根本无须到物以外去寻找其运动的原因和动力。从日月星辰的形成、生命及人类的起源、生物的演化、四时的变化乃至地震的产生、矿物的形成均源于宇宙间无处不在的"阴阳"二气的流转和相互作用。

关于宇宙的生成，《淮南子·天文训》说："天坠未形，冯冯翼翼……气有涯垠，清阳者，薄靡而为天；重浊者，凝滞而为地，清妙之和专易，重浊之凝竭难，故天先成而地后定，天地之袭精为阴阳，阴阳之专精为四时，四时之散精为万物。积阳之热气生火，火气之精者为日；积阴之寒气久者为水，水气之精者为月；日月之淫气，精者为星辰。"《真训》中还把宇宙的形成分为3个阶段，开天辟地以前的以前，开天辟地以前，开天辟地，万物产生第一阶段是混沌状态；第二阶段是"天气始下，地气始上，阴阳结合，相与优游，竞畅于宇宙之间。"这种从宇宙本身探讨宇宙形成的思想与近代康德星云假说有相似之处，与现代地壳演化理论中"清升浊降"、元素垂向分异的思想相吻合。其中的"天先成而地后定"与现代科学对宇宙、太阳、地球年龄的厘定、比较结果相一致；第三阶段是生物和人类产生的阶段。

关于生物、人类的形成，《管子·内业》说："凡物之精（精气），此则为生，下生五谷，上为列星，流于天地之间，谓之鬼株""凡人生也，天出其精，地出其形，合此以为人"；《庄子》说："本无气，杂乎芒芴之间，变而有气，气变而有形，形变而有声""人之生，气之聚也，聚之为生，散则为死"。荀子说："水火有气而无生，草木有生而无知，禽兽有知而无义，人有气、有生、有知亦且有义，故最为天贵也。"

关于生物的演化，《周易》将之看作天地这一最大的"阴阳"规律性的动静交替作用的结果，"动静有常，刚柔断矣""夫乾，其静也专，其动也直，是以大生焉夫坤，其静也翕，其动也辟，是以广生焉"。其意思是天在静时，保持一定的气候，使万物产生一定的适应性，形成一定的生活阶段；天在动时，改变原来的气候，使万物产生一定的变化性，出现生活阶段的转变；地在静时，以一定的方式滋养万物；地在动时，改变生存环境，促进万物转变。坤卦《文言》说："天地变化，草木蕃蕃。"这种关于生物与环境之间的矛盾运动引起生物演化的思想，与达尔文的"物竞天择"说相一致。

关于地震，《国语·周语》对周幽王（公元前 8 世纪）二年的地震解释说："周将亡矣！夫天地气，不失其底若过其序，民乱之也阳伏而不能出，阴迫而不能蒸，于是有地震。"

关于矿物岩石的成因，中国古代仍然是"气"成说。《淮南子》把五方（东、西、南、北、中）、五种金属（铅、银、铜、铁、金）、多种矿物（青曾孔雀石、砷、赤丹、砂、玄砒、磨石、石夫、雄黄）联系起来，认为矿物、岩石是由于各方位具有不同作用的"气"相互作用而成的。5 世纪，《鹤顶新书》则说："丹砂受青阳之气，始生矿石，三百年成丹砂而青女孕，三百年成铅，又二百年成银，又二百年多得太和之气而化为金。显然，中国古代对矿物岩石之类的东西也赋以生命本质，而不是看成某种一成不变的东西。声无一听，物无一文，味无一果，物无一讲""故有无相生，难易相成，长短相形，高下相倾，音声相和，前后相随，恒也""和如羹焉"。即对立面的相互依存、相互转化是永恒的，这种相互依存、相互转化也是美的。孔子提出了著名的"中庸"思想，这种"中庸"思想的核心是"执两用中""致中和""中也者，天下之大本也，和也者，天下之达道也，致中和，天地位焉，万物育也。"

上述大流化的传统观念与变易和谐的思想，在中国近现代地质学史上也留下了明显的印痕。中国大地构造学说从一开始就多是活动论而不是固定论，例如 1926 年李四光从地球运动的全球系统性出发，讨论了"地球表面形象变迁"之主因；黄汲清很早（1924）就接受了葛利普提出的"地槽迁移"说，后来又把传统"槽冶"说改造为多旋回说；陈国达把"单行程"的"活化说"改造成"动静递进转化"说——"地洼"说最值得一提的是张伯声的地壳波浪镶嵌说，他把整个地球看成一个在时间与空间上和谐有序的变化系统，认为在时间上地壳演化显示出一定的周期性和螺旋式上升，在空间上"地块"则表现为"漂而不远，移而不乱"的特征。张伯声生前经常告诉他的学生"不能光讲一分为二，合二而一同样重要"。中国传统的变易和谐思想在他那里得到了很好的体现。

中西哲学的区别之三，在于二者是两种不同的理性形式。中国哲学是一种和实际生活、实际人生紧密相关的哲学，并没有为了理论而沉湎于纯粹抽象的推理，因而可以称为具体的理性。西方哲学是一种"知识论"哲学，以追求某种超验的终极性存在作为哲学演进的动力源泉，思维往往不受实践的目的所制约。西方哲学常以数学、逻辑学、物理学为基点，围绕一些"基础性"的问题大加讨论，甚至常常出现许多极端的见解，因而可称为抽象的理性。

第二节　地学哲学的产生与发展

一、地学哲学产生的历史动因

（一）科学正经历着由简单性探索向复杂性研究过渡的大变革时代

近400年来，西方产生的近代科学及其体系充分扩展，席卷世界。近代科学以力学、物理学、化学为带头学科。科学体系以探索自然界物质运动简单性及其线性运动为特点，研究方法以还原论和分析方法为主。相应，科学哲学也是以还原论为主。在20世纪70年代以前，科学哲学界（自然辩证法界）的主要学科则是物理哲学、化学哲学、天文哲学、数学哲学。

20世纪70年代以来，科学已面临着解决资源匮乏、能源短缺、环境恶化、灾害严重等重大自然史问题以及人与自然关系的重大课题。这就呼唤并推动了科学复杂性、非线性研究和整体论、综合方法的崛起。当前，科学正经历着由简单性探索向复杂性研究过渡的大变革时代。

相应，科学哲学也正经历着由简单性哲学研究向复杂性哲学研究过渡的时代。当前为了人类社会的可持续发展，找矿哲学、灾害哲学、生态哲学迅速崛起。当前复杂性研究有两条路径。其一是由数理化等大物理科学的学者开始转向复杂性探索。这些研究者仍坚持还原论，强调复杂性由简单性组成，有共性，因而基本可以用分析方法、数理方法来研究。这条研究路径虽然已在系统科学上有较多贡献，其成果数理性也较强，但对自然史特别是对人与自然关系的复杂现象认识不足，整体上把握不准。其二是由传统自然史研究者深入探索复杂性，强调研究对象的个性，关心类型研究和对象科学方法。这种研究水平有待提高，但对复杂性对象在质上有较高的认识，易在总体上把握。这两种复杂性研究和复杂性哲学研究今后在地学哲学中均会不断发展并实现优势互补。还可以肯定，在21世纪里，研究自然史、研究人与自然关系将上升为主要哲学研究对象是必然的。

（二）中国地学哲学的发展深受马克思主义哲学的影响

中国地学哲学的发展，其历史动因也与中国地质学家学习运用马克思主义哲学的优良传统密切相关。新文化运动时期诞生了推动中国地学哲学发展的著名科学家：第一位是地质古生物学家杨钟健（1897—1979）。1917年，杨钟健进入北京大学地质学系。1918年，他结识了李大钊、毛泽东、邓中夏、高君宇、恽代英、黄日葵等并有交往。1919年，他参加李大钊领导的北大平民教育演讲团，并任总干事，主编进步刊物《秦钟》月刊。1920年，由李大钊、邓中夏介绍加入少年中国学会进步组织并两次担任总干事，领导宣传马克思主义学说；1922年，参加北京大学社会主义青年团，成为最早接受马克思主义理论的中国地质学家。

第二位是中国地质学创建人之一丁文江（1887—1936）。他1919年参加梁启超率领的巴黎和会的中国代表团。1923年，在"科学和玄学"论战中，发表了《玄学与科学——答张君劢》论文，揭露玄学唯心思想实质，成为当时宣传科学、倡导科学、反对玄学的主将。

　　近年来，关于丁文江的科学观，一些学者对"科学"与"玄学"论战提出新的评论，认为：这次论战基本上只是在上层人士中倡导科学思想，宣扬科学精神和科学方法，试图建立科学的人生观，但并没有扎根于人民大众之中，影响有局限性，没有形成推动科学发展和社会发展的力量，特别是科学派虽然取得论战的胜利，而科学派重要人物的科学观，也深受他们自身的实验主义、实证主义、实用主义的影响，诸如像胡适在哲学上采用以科学实证为核心的现代理性思维方式给"大胆用心求证"蒙上一层马赫主义和实用主义色彩。

　　关于胡适、丁文江的马赫主义思想，《人民日报》曾在头版头条做过系统的批判。丁文江、于光远、龚育之等教授认为即使有马赫主义色彩，也不能一概抹掉当时科学派宣扬科学思想、提倡科学精神和科学方法的光彩，在当时中国科学处于萌芽阶段，宣扬科学思想和科学精神，提倡科学方法是主流，是有其积极影响和作用的，应予以肯定。

　　龚育之同志还引述了当年马克思主义理论家艾思奇在20世纪50年代批判胡适运动初期，评论过胡适科学的人生观的文章，认为该文的确能表明胡适有过自然科学唯物主义色彩。

　　龚育之在《对新世纪科技发展的人文思考》一文中指出："科学派的代表人物丁文江和胡适，试图列出一系列基本观点来描绘他所主张的科学人生观。不管胡适和丁文江的科学观有着多少可以和应该批评的地方，我认为这是中国思想界的一次进步，而没有理由把它评价为该谴责的'科学主义'统治的滥觞。"

　　在文章的脚注中还着重地做了说明："他们的科学观，特别是丁文江的科学观，本来带有自然科学唯物主义性质，但哲学层次上却同实用主义和马赫主义搞到一起了。批判胡适运动的那个时候，马克思主义工作者们大都对实用主义和马赫主义采取全盘否定的态度，所以那时丁文江、胡适在这场论战中的维护科学的色彩，也就被抹掉。现在人们当然不用再采取这种简单的态度来对待实用主义和马赫主义，对待胡适和丁文江了。"

　　第三位是中国地质学创建人之一李四光。1920年，李四光接受蔡元培的邀请回国担任北京大学地质系教授，当时北京大学正是新文化运动的发祥地。

李四光多次参加李大钊领导的反军阀、反北洋政府运动，在运动中参与一些活动，颇有影响。

在新文化运动参加活动的地质学家中，还有章鸿钊（1877—1951）、何杰（1888—1979）。另外，当时还是学生的赵亚曾（1898—1929），在"五四"运动中有影响的进步刊物《晨报》的副刊《科学新论》上发表了25篇介绍地质科学基本知识的文章，系统地宣传了地质学的基本理论。

到了抗日战争时期，地学哲学的发展主要集中在延安和重庆两地。在革命圣地延安，在毛泽东主席倡导下，1938年成立了新哲学研究会；1939年成立了自然科学研究院；1940年成立了延安自然科学研究会、边区自然科学研究院，开展自然辩证法研究，在发表的《宣言》中强调："在自然科学基础上研究辩证唯物主义，要求在唯物主义指导下研究自然科学，开展自然辩证法研究。"

相继在自然辩证法座谈会、自然辩证法谈论会中，建立一批分会，其中地矿分会在延安自然科学院地矿系教员地质学家武衡带领下，组织了一批在延安的地质学家，其中有莫汉（范慕康）、胡科、孙雯东、姜鹏（汪家宝）、张朝俊、佟城等。他们都曾就读于内地知名大学地质学系，具有基础地质专业知识，他们定期集中学习《自然辩证法》和《反杜林》等经典论著，在1941—1943年间，曾在边区开展实地的地质调查与研究，为边区寻找矿产资源、能源并解决水利问题。他们以马克思主义哲学原理为指导，运用辩证唯物主义和历史唯物主义方法论研究地质问题，正像武衡在《延安时代的自然科学和自然辩证法》（1980）一文中所述，"为解决能源问题，研究鄂尔多斯盆地地质构造，恢复开发延长油田，研究开拓许多小煤田，调查铁矿资源"，取得了满意的结果。

在国统区的重庆，1938年，由郭沫若发起成立了中国学术研究会，其中还有自然科学小组；1939年，成立了重庆自然科学座谈会。这是两个受共产党影响的进步组织，荟萃了大部分著名的科学家和哲学家以及理论工作者，其中地学界有知名气象学家涂长望（1906—1962），他还当选为世界科学技术协会理事。

中国学术研究会的任务就是学习运用马克思主义立场、观点和方法，开展自然科学研究。1939 年还把学习心得和成就撰写成《科学的哲学》一书。这本书以自然科学学科的基本理论为基础，来阐述辩证唯物主义的原理和观点，反映出当时中国科学对马克思主义哲学原理的认识和运用水平，也显示出他们当时在自然观、科学观和方法论方面所受到的影响。

1941 年，《新华日报》发表了何登的《研究马克思主义自然辩证法》一文，有力地推动了在国统区开展马克思主义哲学理论研究学习的热潮，当时还出版了一批学习成果，分别发表在《学术季刊》《理论与实践》《科学与民主》等进步书期中。

1939—1941 年参加研究会和座谈会的科学家们，在讨论中经常涉及哲学与自然辩证法的内容，在周恩来的支持下，还能定期地在《新华日报》的副刊《自然科学》上，发表学习心得和体会；在地质方面的有潘独清撰写的《地质学上的辩证法》、吴磊伯的《地球均衡论的辩证考察》（《读书月刊》1939—1940）。

1944—1945 年在周恩来关怀下，在中央大学校内发起成立了中国科学工作者协会，我国著名气象学、地理学家竺可桢被推选为首届理事长，李四光当选为监事长，涂长望当选为总干事。足可见我国地学科学工作者当时在国统区的活动所起的作用。该协会正是新中国成立后 1950 年建立的中华全国自然科学专门学会联合会的前身。

在新中国成立初期的 1950—1952 年间，老一辈地质学家们豪情满怀地发表了一批哲理很强、带有政治性的文章，诸如《地质学的新方向和新任务》（《地质论评》社论），李四光的《当前科学工作的几个问题》（1950）、《在毛泽东旗帜下的中国地质工作者》（1951）、《用辩证唯物主义指导我们的工作》（1951）、《跟着中国科学翻了身的地质学》（1952），宋应的《第一个五年计划中的地质工作》等，迎来了新中国地质工作的蓬勃发展。特别值得一提的是，1951 年李四光先生，以全国科联主席名义在《庆祝中国共产党成立 30 周年大会的献词》中提到"掌握马列主义""开展自然辩证法和唯物论学习"，并曾直接向主持中宣部工作的于光远同志提出成立自然辩证法研究会的建议。

1949—1950 年，中央号召学习 12 本马列主义经典著作，包括《自然辩证法》《社会发展史》《政治经济学》等。

1951 年《实践论》《矛盾论》相继公开发表，中宣部和中国科学院组织自然科学工作者，系统学习马克思主义哲学理论。中国科学院成立学习委员会，推举李四光为主任委员，结合《实践论》《矛盾论》，认真学习《自然辩证法》《反杜林论》《费尔巴哈与德国古典哲学的终结》等经典论著。以自学为主，结合大课堂理论报告，主讲人都是哲学理论界的名家，其中有艾思奇、胡乔木、胡绳、陆定一、周扬等，并要求结合自身的学科理论认识，以辩证唯物主义和历史唯物主义原理为指导，编纂了一批具有马克思哲学思想心得体会的论文，刊登在不同的报刊上，主要是《科学通报》的专栏上。在地质科学方面发表论文的有李四光、杨钟健、尹赞勋、裴文中、黄汲清、张文佑和陈国达等。他们发表的论文，成为后来开展地学哲学研究的重要文献。进入 20 世纪 80 年代，也陆续有一系列重要的著作与文章发表，地学哲学发展进入新的阶段。

二、地学哲学发展的历史沿革

中国自然辩证法研究会地学哲学委员会产生于 1983 年 6 月。30 多年来，持续深入地开展学术研究，提出了一系列颇有价值的理论观点，初步建立了地学哲学的基本理论框架，形成了全国学术年会、区域性学术讨论会和专题性讨论会相结合的学术活动制度，产生了一批有水平的研究成果，出版了一批有影响的专著。1983 年 6 月，中国自然辩证法研究会在福州召开地学哲学委员会成立大会暨首届学术讨论会。会议的主题是："运用辩证唯物主义原理阐述国民经济中的重大地学问题""地球科学中的哲学问题""地球科学各学科中的认识论与方法论"。会议选举张文佑院士为理事长。

1988 年在北京召开了第二届地学哲学学术讨论会，主题报告是《我国矿情的辩证分析及对策建议》。会上选举朱训同志为理事长。

1990 年在北京召开了第三届地学哲学学术讨论会，主题报告是《关于开展地学哲学研究的一些意见》。

1992 年在北京召开了第四届地学哲学学术讨论会，主题报告是《关于找矿哲学的几个问题》。

1994 年在北京召开了第五届地学哲学学术讨论会，主题报告是《协调人与自然的关系——开拓地学探索的新领域》。

1996 年在北京召开了第六届地学哲学学术讨论会，主题报告是《论地学哲学工作的形势与任务》。

1998 年在北京召开了第七届地学哲学学术讨论会，主题报告是《加强地学哲学研究，充分发展地球科学在可持续发展中的作用》。会上分成 10 个专题全面研究了可持续发展的战略。

2000 年在北京召开了第八届地学哲学学术讨论会，主题报告是《关于西部大开发的辩证思考》。会上广泛讨论了西部大开发的各种问题。

2003 年 10 月在北京召开了地学哲学委员会成立 20 周年纪念会暨九届学术年会，主题报告是《地学哲学研究要努力为全面建设小康社会服务》。

2005 年 9 月在北京召开了第十届地学哲学学术讨论会，主题报告是《坚持科学发展观，地学哲学要为和谐社会建设服务》。

2007 年 9 月在北京举行了地学哲学委员会第十一届学术年会，会议以"建设地学文化，构建和谐社会"为主题。

2009 年 8 月在北京召开了地学哲学第十二届学术年会，主题报告是《地学哲学与科学发展》。

2012 年 10 月在北京召开了地学哲学第十三届学术年会，本届会议的中心议题是"地学哲学与地质找矿认识论方法论"。

2013 年 8 月底，地学哲学委员会第九届理事会、地学哲学委员会第十四届学术年会、纪念地学哲学委员会成立 30 周年座谈会在北京召开。学术年会的主题是"地学哲学与生态文明建设"。

2018 年 5 月 20 日，中国地质大学（北京）主办了"新时代与找矿哲学研讨会"，会议的主题是"不忘初心，为国服务"。

30 多年来，在中国科学技术协会和中国自然辩证法研究会领导下，在原地质矿产部门、国土资源部门和社会各界的大力支持下，地学哲学委员会经历了一个由艰苦创业到稳定发展的过程。地学哲学也由名不见经传到形成独立的学科。学会从建立之日起，就大力倡导理论联系实际，立足于为国民经济建设服务，努力开展学术活动，并在以下六个方面取得了重要进展。

第一，向国家提供重要政策建议。地学哲学委员会始终把地学哲学研究的重点定位在为经济社会发展服务、为国家决策提供科学咨询。例如，围绕资源国情开展深入研究，对经济社会可持续发展面临的资源形势进行了辩证的分析，在资源政策、矿业城市发展战略、西部大开发中的各种矛盾关系等诸方面形成了一些重要的认识和建议。20 世纪 80 年代后期，地学哲学委员会以多种方式提出中国资源总量丰富、人均较少的基本国情和资源供需形势日趋突出的观点，提出要对"地大物博"的传统观念进行重新认识，要充分利用国内国外两种资源，把节约资源作为基本国策，走资源节约型发展道路，得到中央的肯定和社会的认同。1996 年向国务院提出建议，把"珍惜节约与合理利用自然资源"确立为基本国策。这对于推进可持续发展战略、确立基本国策和重大方针政策发挥了积极的作用。

第二，逐步开展科普宣传。随着学术成果的不断积累，学会除了编写出版两套科普丛书外，还逐步组织开展了一定的科普宣传工作。在一些大专院校的大学生课程教学中，陆续开设了地学哲学教育讲座和专业课程；另外，针对研究设立了研究生招生方向；参加地球日等社会活动，向社会进行地学哲学知识普及工作；大力倡导科学的地学思维，并在反对迷信、弘扬科学精神方面开展了有益的工作。

第三，积极推进地学哲学理论建设。在地学哲学研究活动的前期，在广泛开展与地学哲学相关问题研究的基础上，有重点地对找矿哲学的理论与实践、地质科学与地矿产业中的哲学问题进行研究与总结，大大提高了对地学哲学研究意义的认识。在明确以可持续发展问题作为研究重点的同时，又强调研究选题多样化，并在地学思维、系统地球观、资源观、地球科学与可持续发展、地学价值论、地质创造论、统计认识论、智慧学、搜索学、地学创造思维等许多方面取得了一系列新的研究成果，在国内外产生了较广泛的影响。

第四，研究队伍逐步扩大。地学哲学委员会的骨干力量不断壮大，参加学术活动的热忱长盛不衰。1990 年起，委员会筹备成立了地学哲学委员会青年分会，组织青年学者开展学术活动。我们先后指导支持建立了陕西、江西、四川、吉林、贵州 5 个地方的地学哲学分会，在中国地质大学和长春科技大学（现吉林大学）建立两个地学哲学研究所。现在，地学哲学委员会在全国有经常联系的会员 500 多人，理事 136 人。地学哲学的影响已经扩大到地学界、哲学界，会员分布在地矿、煤炭、油气、冶金、有色、建材、黄金、核工业、水利、土地、气象、海洋、地震、地理、环保等行业的生产、教学、管理和科研部门。会员中高级职称科技人员占有较大比例，一批博士后、博士、硕士和大学生等青年学者，正成为其中的活跃力量。

第五，学术活动经常化、制度化。地学哲学委员会坚持把开展学术活动作为中心工作来抓，并努力推进学术活动的制度化建设。理事会确定每两年开一次全国性学术年会，在两个年会之间先后在南昌、四川、吉林、贵州、西安等地召开过区域性的学术研讨会和若干个小型专题研讨会和学术讲座共 20 多次。现在这个制度仍在认真贯彻实施。基本上做到"两年一会，一会一书"。此外，还组织承担社科院、工程院、原地矿部和国土资源部的一些课题来进行研究。

第六，系统出版研究成果。地学哲学委员会已经组织编写出版了地学哲学类书籍 30 多部。其中，地学哲学专著 12 册，年会论文集 8 部，共计 300 多万字。《地球科学与可持续发展》丛书一套 10 本，地学哲学文库 4 册，协作出版《大自然的警示》科普丛书一套 8 本，资助地学哲学研究成果出书 5 册。有的成果出版了外文版，成为对外交流的重要载体。先后编发《地学哲学通讯》40 期。

通过对 30 多年来地学哲学工作发展历程的回顾和总结其基本经验有以下六方面：

一是坚持以马克思主义哲学为指导。马克思主义哲学是马克思主义的重要组成部分，是马克思主义的意识形态的最高形式。中国共产党从成立的第一天起就宣布以马克思主义作为指导思想，中国革命和建设的成功实践也正是马克思主义指导的结果。地学哲学和整个自然辩证法研究事业是我国社会主义现代化事业的组成部分，当然也需要以马克思主义来指导。我们坚持以马克思主义哲学为指导，这也是地学哲学研究本身的需要。地学哲学是研究地球科学和地学实践中哲学问题的科学。地球科学和地学实践的根本任务就在于认识地球和利用这种认识保证人类生存发展需要的自然资源，防治地质灾害，保护和改善人类居住的环境，并促进人与自然和谐共处与协调发展。而要做到这一点，就需要自觉地运用辩证唯物主义和历史唯物主义，从人类对地球的认识和社会实践中总结出规律性的认识，并以此为人类进一步认识地球和利用地球提供正确的观点和方法的指导。我们还要看到今天的地球已不是一个纯粹的自然客体，而是社会物质与自然物质的综合体。地球科学已经到了需要总结整合、深化发展的阶段。地学哲学在研究与实践中，也要为丰富发展马克思主义做出应有的贡献。在这种情况下，只有马克思主义哲学为我们提供的世界观和方法论才能实现这个任务。

二是坚持地学哲学研究为经济社会发展服务的方向。为什么而研究，是个方向问题。30 多年来，我们越来越深刻地体会到，只有坚持为国家经济建设服务的方向，地学哲学才有存在的必要，才有发展的生命力，地学哲学研究才能更好地发挥作用，并得到更好的发展。也就是说要"在服务中发展，在发展中服务"。这也正体现了地学哲学研究工作发展的辩证规律。我们要注意将基础研究、应用研究紧密地结合起来，在应用中深化基本的理论研究，以理论研究成果指导应用性研究工作。30 多年来，我们围绕经济社会发展中的许多重要问题，特别是抓住实现现代化建设的第二步战略目标的资源环境问题、地质工作与地球科学中的一些热点，先后把资源国情问题、矿产勘查中的哲学问题、人与自然协调发展问题、地球科学与可持续发展问题，西部大开发中的辩证关系问题、地球科学思维与创新问题等，作为开展地学哲学研究的重点。这些研究与党和国家的中心工作，与地球科学和地质工作的发展，结合得都相当紧密。因而，这些研究所取得的成果，往往都同时具有理论意义和重要的实践意义，具有中国特色和时代特征，受到国内外学术界和社会有关方面的重视和关注。

三是坚持贯彻"百花齐放、百家争鸣"的方针。30 多年来地学哲学研究事业始终坚持"双百"方针。我们的学术活动所体现出来的特点是，既有明确的主题，又有多样性的见解；既有严谨的治学态度，又有活跃的学术风气。在讨论一些理论问题时，因往往有多种不同观点，有时争论相当激烈。例如，围绕如何评价灾变论、地理环境决定论的争论，关于从地学哲学角度如何认识可持续发展、西部大开发中的各种矛盾关系等，都是在热烈的气氛中进行讨论的。学会活动中的良好学术氛围，一直受到大家的欢迎和好评。通过开展正常的争鸣，有利于切磋学术、取长补短、激励智慧、深化认识；有利于贯彻解放思想、实事求是、与时俱进的思想路线，促进地学哲学学术繁荣与发展。

四是坚持团结凝聚各方人才参加地学哲学研究。地学哲学是自然科学与社会科学相互渗透交叉而形成的一门学科，因而需要有来自不同学科的专家学者参加学术活动。30 多年来，我们大力推进与扩大自然科学工作者和社会科学工作者的联盟，注意地学人才、哲学人才与其他学科的人才相结合，专家教授、实际工作者和领导干部相结合，业务骨干、专业人士与业余爱好者相结合，老、中、青相结合。坚持从不同领域中吸引积极分子参加到地学哲学活动中来，不断地团结凝聚更多的同志，充实壮大学术研究队伍。特别是充分注意培养青年同志，欢迎和鼓励他们积极参加地学哲学活动，壮大了后备力量。正因为有一大批来自方方面面的同志参加活动，在相互浸透、相互借鉴中不断创新，在创新中实现发展，我们才能获得今天这样丰硕的学术成果。

五是坚持不懈地争取各方面的支持。30 多年来，地学哲学研究事业与各方面的支持帮助是分不开的。地学哲学研究得到党和国家领导人的关心，李瑞环同志和宋健同志曾专门致函鼓励支持找矿哲学的研究，中国科协和中国自然辩证法研究会在《找矿哲学概论》出版之际，专门组织首都哲学界、地学界专家和中宣部等中央有关机关负责同志举行"找矿哲学座谈会"。中国自然辩证法研究会长期给予了直接的指导和支持，在自然辩证法研究会之下成立了一个专门委员会——地学哲学委员会——指导支持地学哲学研究事业的发展。作为学会主管和挂靠单位的原地质矿产部和现国土资源部、中国地质调查局都给予了大力支持。2001 年中国地质学会又做出决定，在中国地质学会之下设立地学哲学委员会，在各省、市、自治区地质学会之下可设地学哲学研究分会。

这对于扩大研究队伍、更有成效地结合地学实际来开展研究发展地学哲学事业具有重要意义。这个事业还得到全国政协委员香港企业家洪祖杭先生和朱树豪先生的支持，得到许多单位、有关部门和社会各界人士的支持。在此表示衷心的感谢。

六是坚持依靠学会领导群体的共同努力。30 多年来，地学哲学委员会之所以能卓有成效地开展研究工作，取得一批好的成果，并使研究队伍逐步壮大，很重要的一条经验，就是地学哲学学会有一个热心地学哲学研究、具有奉献精神、积极为大家服务的领导群体。地学哲学是一门新兴学科，没有一批有志于开拓地学哲学研究事业的积极分子是不行的。学会要开展学术活动，并使研究活动经常化、规范化和制度化，就要有一个能团结共事的坚强的骨干队伍。这个群体既要善于随着国家形势发展的需要在广泛发动会员开展研究的基础上，选择一批重点课题来进行研究，又需要能够组织相应的力量来进行研究，还需要能够筹集足够的经费来支持研究和开展形式多样的学术活动。

三、地学哲学的当代发展

30 多年来在全体地质人的共同努力下，地学哲学取得了巨大的成绩：走出了一条马克思主义中国化的道路；开拓了自然辩证法的新领域；创建了中国特色的地学哲学学科体系；对中国现代化建设做出了重要贡献。

钱学森运用实践论的观点，全面、系统地总结了现代科学技术发展的基本规律，即工程技术—技术科学—基础科学—应用哲学—哲学（顾吉环等，2012）。地学哲学 30 多年发展的历程基本上是按照这条规律进行的；而地学哲学的发展规律是：地学工程技术—地学技术科学—地学基础科学—地学应用哲学—地学哲学。地学哲学是地学的哲学概括，是联系马克思主义哲学与地学科学技术的桥梁。

（一）理论地学哲学

地学哲学的范围很广，从认识的层次看，包括下列领域：地学工程技术、地学技术科学、地学基础科学。从认识的范围看，每一层次包括不同的分支，如地学哲学层次包括地学本体论、地学认识论、地学方法论、地学价值论等。

1. 地学哲学的理论基础

2000 年出版的《新编地学哲学概论》（王子贤主编）明确提出了地学哲学的理论体系，包括地学本体论（地球观）：地球运动的基本规律、基本范畴；地学认识论与方法论：地学的认识与实践、地学创造性思维，经验方法、传统方法与现代方法；地学价值论：地球科学的价值、地球物质客体的价值；地学哲学的任务：人地关系。该著作为地学哲学研究打下了理论基础。

2. 地学哲学的创造性思维

2002 年出版的《创新思维与地球科学前沿》（王恒礼等主编）中心问题是：把马克思主义哲学与地球科学紧密结合，立足于地学事实，发现定律的典型案例，从认识论与方法论上分析探讨创新思维的性质、特点及其在推动地球科学发展中的地位和作用，以及如何培养和树立创新意识、创新精神。该著作为促进地学哲学的发展提供了方法论。

3. 地球科学的认识论方法论

2004 年出版的《地球科学认识论方法论》（王恒礼等主编）中心问题是：研讨如何提高我国地球科学认识论方法论研究水平，从多学科、多角度进行探讨。如从全球观及固体地球系统观与地球生物观的角度，从天地生人的角度，从对西方思维方式的分析，探寻了包含东方思维的智慧认识论。该著作丰富与发展了地学哲学的认识论与方法论。

（二）应用地学哲学

1. 应用地学哲学的奠基之作

1992 年出版的《找矿哲学概论》（朱训著），是朱训同志以马克思主义哲学为指导，运用矛盾论的观点与系统论的方法，结合当代自然科学、技术科学、管理科学的成果，创建的"找矿哲学"，其创立了找矿哲学的体系框架，论述了矿产勘查活动的基本观点、基本规律与基本方法，指出了"找矿哲学"是联系马克思主义哲学与矿产勘查理论及勘查实践的桥梁，是促进地矿事业发展和丰富马克思主义哲学的一门实用哲学。《找矿哲学概论》开创了应用地学哲学的新篇章。

2. 应用地学哲学的理论与实际

1997 年出版的《地质科学与地矿产业》（朱训编），是朱训同志在《找矿哲学概论》的基础上，应用地学哲学的观点与方法，从理论上概括总结他在地矿部工作十几年的经验写成的。它包括以下重要的内容：第一，对我国的地矿产业概貌、地矿事业的历程、发展地矿事业的重大决策，做出了科学的论述；第二，总结了我国在矿产勘查、环境地质、地矿科技等方面的工作取得的成就；第三，总结了地质队伍的建设、地矿工作体制改革、地矿工作对外合作、地质矿产法治建设等方面的进展。这是对地学哲学内容的充实、丰富与发展。

3. 应用地学哲学的开拓

2003 年出版的《朱训论文选——地学哲学卷》，汇集了朱训同志从事地矿工作和地学哲学研究以来在找矿哲学、地学哲学方面发表的主要文章。它包括下列四个方面内容：一是以马克思主义哲学观点为指导，总结矿产勘查工作经验；二是运用唯物辩证法指导找矿实践；三是对中国矿产资源、西部大开发和中国能源战略等重大问题进行辩证思考和政策建议；四是有关地学哲学学科建设与学科活动方面的设想。这是一部运用马克思主义哲学观点，从理论与实践的结合上，对矿产工作进行深入的探索，应用地学哲学开拓性的著作。

4. 应用地学哲学的进展

2009 年出版的《地球科学哲学》（王恒礼、王桂梁主编），概括总结了地学哲学界 25 年来的研究成果，在马克思主义哲学指导下，根据地学科学的最新发展，从人地关系出发，在地球观、地学的科学观与技术观、地学认识论与方法论、地学社会学等方面做出了全面的、系统的论述。该著作还根据 200 多年来人地关系的巨变，提出了一系列值得深入研究的、事关人类社会发展命运与前途的问题，如地学价值论、地学文化学、地学模式转变、地球科学技术生产力功能等。《地球科学哲学》既深化与开拓了应用地学哲学，又为自然辩证法学科建设提供了范例，是一部开创性的著作。

（三）地学哲学与社会主义现代化建设

1. 地学哲学与可持续发展——从人和环境相互协调的角度看

1998 年出版的《地学哲学可持续发展》（第六届学术年会论文集）指出，在地学哲学从"找矿型"向"社会型"转变的新历史时期，地学哲学不仅要研究地球的自然演化过程，而且要研究人和资源与环境的协调问题。这是新形势向地学哲学提出的新任务。该论文集围绕地学哲学与资源环境、人口、经济社会协调发展，矿产资源与社会主义市场经济，地学哲学理论与方法等进行了探讨，开启了地学哲学对时代重大课题进行研究的广阔道路。

1999 年出版的《地球科学与可持续发展丛书》，围绕资源、环境、粮食、人口、灾害等危机，从土地资源、水资源、矿产资源、气象、海洋资源、环境、地质灾害、自然景观等方面，在回顾历史、分析现状与展望未来的基础上，做出结论与对策，提供领导和有关部门参考。

2. 地学哲学与可持续发展——从地球科学、地学哲学与科学发展的角度看

2000 年出版的《地学·哲学·发展》（第七届学术年会论文集）指出，在生态危机日益严重的情况下，可持续发展战略为地学哲学研究提出了时代课题。该论文集在深入阐述地学哲学、地球科学与可持续发展的关系基础上，在矿产资源、能源资源、土地资源、水资源、环境、自然灾害、海洋、气象与自然景观等方面进行探讨，并结合我国实际，提出如下建议：第一，保障矿产资源的持续供应。第二，环境地质与资源勘查并重。第三，地学要加大为农业服务的力度。第四，推动地学哲学研究，促进适应可持续发展要求的现代资源环境意识的形成与普及。

3. 地学哲学与构建和谐社会

2006 年出版的《地学哲学与构建和谐社会》（第十届学术年会论文集），其主题是：在科学发展观指导下，为促进国土资源的发展，更好地为构建社会主义和谐社会服务。内容十分丰富，涉及矿产资源、能源、土地资源、水资源、地质灾害、循环经济、地学思维、地学文化、地学社会学、地球科学建设、和谐社会与环境法制建设、和谐社会与生态文明建设等领域，反映了地学

哲学研究的新成果、新进展。

4. 地学哲学与地学文化

2008 年出版的《地学哲学与地学文化》（第十一届学术年会论文集），其主题是：建设地学文化，为构建和谐社会服务。和谐社会的首要条件是人与自然的和谐，人与自然的和谐相处需要地学文化的支撑。该论文集探讨了如下的重大问题：地学文化与地学哲学；地学文化与资源、环境；地学文化的历史传承；地学文化与地学教育；地学文化建设及意义。这个讨论成果，为地学哲学研究开辟了新的领域，对推动地学哲学的发展具有十分重要的理论意义与实际意义。

5. 地学哲学与科学发展

2010 年出版的《地学哲学与科学发展》（第十二届学术年会论文集），主要是从地学哲学的角度，探索、充实科学发展观，并在实践上落实。科学发展观概括了当代世界关于发展问题的理论成果，总结了新中国成立以来经济与社会发展的经验，丰富与发展了马克思主义关于发展的理论。科学发展观的提出，必将开创地学哲学研究新局面。围绕地学哲学如何为科学发展的问题，论文集从地学哲学与资源战略、地学哲学与地震科学、地学哲学与地学文化、地学哲学与地学哲学建设、地学哲学与地质工程、地学哲学与地质人才培养等方面进行了新的探索，以便切实做到为科学发展服务。

6. 地学哲学与地质找矿

2012 年出版的《地学哲学与地质找矿》（第十三届学术年会论文集）指出，当前我国地质找矿工作进入了一个新的大发展时期，要求地质找矿工作为国家提供资源保障的压力越来越大，需要从认识论、方法论的角度，探讨地质找矿的新理念、新思路、新方法，探索实现地质找矿的新途径，为"找矿实践战略行动"献计献策。为此，该论文集从地学哲学与找矿辩证法、地学哲学与地学思维、地学哲学与地学文化、地学哲学与生态建设、地学哲学与地质灾害、地学哲学与水环境、地学哲学与地学创新、地学哲学与地球科学理论方面进行了全方位、多视角的研究。这是新的历史时期地学哲学的丰富与发展。

7. 地学哲学与新时代

2018 年 5 月 20 日在北京召开的"新时代与地学哲学"研讨会，着重探讨了新时代为中国地学哲学发展带来的机遇与挑战，会议的主题报告包括《朱训与地学哲学》《高质量发展语境下的矿产资源开发》《从马克思主义政治经济学基本原理分析新时代自然资源管理制度改革》《全国地质勘查形势分析与地质工作转型方向》《新时代矿产资源开发利用的思考》《论科学自信》等；会议的专题报告包括《试论找矿哲学本体论》《"阶梯"发展观和"五大"发展观——基于新时代新发展观的历史反思》《矿产地质勘查诚信体系建设的哲学思考》《高质量发展需要辩证的对待矿业》《对我国煤炭资源高质量使用的战略思考》《应用放射性方法寻找油气藏项目研究的案例》《新时代地质教育发展思考》《关于新时代找矿哲学的思考》等。此次会议具有鲜明的"新时代"特征，中心主题是如何践行新的发展理念和"五大"发展观。

第三节 地学哲学的历史评价

一、地学哲学发展的历史地位与作用

（一）地学哲学研究会 30 多年发展的基本特征与基本精神

1. 地学哲学研究会 30 多年发展的基本特征

第一，以理论联系实际为学术灵魂。

地学哲学的学术研究，始终围绕国家和社会发展中心开展，坚持以马克思主义为指导，理论联系实际，百花齐放、百家争鸣。这是地学哲学的学术灵魂。

第二，以服务社会为发展动力。

"为国服务"既是地学哲学的宗旨，同时也是地学哲学发展的强大动力。朱训同志在纪念地学哲学委员会成立 30 周年会议的致辞中提到了地学哲学的"四个始终坚持"，即始终坚持以马克思主义、毛泽东思想和中国特色社会主义理论体系为指导，始终坚持"为国服务"的宗旨，始终坚持理论联系实际的作风，始终坚持"百花齐放、百家争鸣"的双百方针。

第三，以和谐理念为研究纽带。

不同学科的和谐相处始终是 30 多年来地学哲学发展的特色，地学哲学广泛联系地质、地理、大气、海洋、地震、地球物理等自然科学及工程技术科学的工作者，联系哲学社会科学不同领域的专家学者，共同探讨有关地学哲学的问题，在学科交叉融合的过程中推进了学术研究，加强了不同学科和不同领域专家的交流。

第四，以机制建设为研究保障。

地学哲学研究会 30 多年的发展形成了一整套成熟的运行机制，如定期换届会议和学术年会、不定期的专题研究和活动，以及围绕主题而出版的文集。这使得地学哲学委员会 30 多年的学术轨迹和理论脉络得以清晰、明确地显现。

第五，以高效、民主、人性的组织服务为特色。

30 多年的地学哲学发展离不开一个高水平的组织。在地学哲学委员会全体成员的共同努力下，周密安排、积极组织，得到了肯定。

2. 地学哲学研究会 30 多年发展的基本精神

一是坚持不懈的精神。地学哲学委员会始终围绕办会主旨，克服一系列困难，坚持以文会友，坚持学术领先，30 年硕果累累，体现了一种坚持不懈的精神。二是始终为先的精神。始终结合国家和社会最迫切、最紧密的问题进行研究，如人口、资源和环境问题，西部大开发、科学发展观、生态文明建设以及"一带一路"等重大问题，体现了学会先行、先思的精神。三是把握大局的精神。围绕党和国家、社会发展的大局开展研究，如学术年会的主题紧密围绕党的十八大以来习近平关于生态文明建设的论述，重点针对"地学哲学与生态文明建设"开展研究。

（二）地学哲学的历史地位与作用

1. 地学哲学研究推进了地球科学的发展

如今，地球科学的研究正处于建立新的学科体系的重大转折时期：社会经济发展的新变化要求地球科学能够提供基础知识与新的研究领域，发展新兴的学科；高科技、新的技术与方法日益向地学渗透，加深并拓宽了地学的研究领域；地学所面临的新领域，还要求从整体上研究地球以及地球与整个宇宙的关系，所以地学各学科之间相互渗透、交叉、融合的趋势也日趋明显。总之，地学的新发展需要新的思维与方法，需要有一个根本的理论指导，而地学哲学就可以满足这一需求。

2. 地学哲学研究促进了地矿工作的开展

新中国成立以来，尤其是改革开放以来，我国的地矿工作取得了巨大成就，为国家的经济建设和社会发展做出了重大贡献。党的十八大以后，我国的社会主义现代化建设进入了一个新的发展时期，国民经济要持续、健康发展，要实现"十三五"规划和两个"一百年"的宏伟目标，必然要求地矿工作加快发展，要求地矿工作用有限的投资获得更大的经济社会效益，在提供矿产资源保障和环境保护方面做出更大的贡献。地学哲学正可以在这种形势下发挥它对地矿工作的指导作用，用辩证的思维去促进地矿工作的发展，从而满足经济建设和社会发展的需要。

3. 地学哲学研究是发展地学哲学这门新兴学科之必须

地学哲学作为一门独立的学科进行系统的研究历时尚短，资历年轻，体系还不够完善，内容也需要充实。这就需要有志于此的人士共同努力，使马克思主义哲学同地学紧密地、有机地结合起来，使抽象的哲学理论变成具体的有血有肉的活生生的辩证法，从而形成有中国特色的地学哲学。

4. 地学哲学研究有助于地学工作者队伍素质的提高

因为地学哲学明确要以马克思主义哲学为指导，而要研究地学哲学，就首先要结合实践学习马克思主义哲学。地学工作者如果能以马克思主义哲学武装起来，必将大大改善其思维方式与思维水平，必将大大提高地学工作者的认识能力和工作水平，从而大大有助于他们在理论研究与实践活动中发挥更大的作用。

5. 地学哲学研究在促进人类社会经济的可持续发展过程中发挥全面的基础性支持和保障作用

其主要功能在于：第一，应当保障资源永续利用的能力；第二，应当促进和指导人类社会保护良好的生态和环境；第三，应当提高人类预测、预防和治理自然灾害的能力，减轻灾害的损失，减小灾害的威胁；第四，应当为国土开发整治、区域社会经济的合理布局与协调发展进行谋划，提供基础信息、咨询与指导；第五，为相关学科的发展与综合，提供基础科学技术与智力的支持。围绕地球科学与可持续发展开展地学哲学研究，要以辩证唯物主义和历史唯物主义为指导，紧密联系实际需要，借鉴先进科技方法和理论，不断总结、归纳实践和知识成果，不断接受实践检验，跟上时代发展。

二、地学哲学对地质科学的影响

实践是检验真理的唯一标准，这是马克思主义认识论的基本观点和核心问题。无产阶级革命导师对此曾做过精辟的阐述。毛泽东同志早于1937年在《实践论》这篇光辉哲学著作中就明确地指出，"真理的标准只能是社会实践。""只有人们的社会实践，才是人们对于外界认识的真理性的标准。"

回顾新中国成立以来找矿勘探的实践，无数生动的事实说明，不仅要有马克思列宁主义的政治路线，而且必须遵循辩证唯物主义的认识路线，坚持实践是检验真理的唯一标准，按客观地质规律办事，实事求是，从实际出发确定找矿方针。

（一）从实际出发确定找矿方针

坚持实践是检验真理的唯一标准，要正确处理主观和客观的关系，反对主观唯心主义的唯意志论和瞎指挥，恢复和发扬党的实事求是的优良传统作风。对地质工作来说，最重要的就是要从客观地质矿产的实际情况出发，确定找矿方针，正确选定普查勘探矿种的主攻方向。

一个省、一个地区有什么矿、有多少，是不以人们的意志为转移的，而是由客观地质条件所决定的。因为地壳中各种矿产的形成、分布和保存，是与各种不同的地质条件相联系的。地球内部成矿物质分布的不均匀和地壳运动在时间及空间上的发展不平衡性，造成地壳各处具有不尽相同的地质条件，以及与之相伴的矿产不均匀分布。地球上拥有的矿产，不一定每个国家都有；一个国家有的，不一定每个国家都有；一个国家有的，不一定每个省、每个地区都有。因此，在具体确定每个省（区）应以哪些矿产为普查勘探的主攻对象时，就不能仅仅考虑国家经济建设的需要，还应考虑各地区地质条件的实际，因地制宜，从本省（区）实际出发，首先寻找国家经济建设需要，而本地区成矿地质条件又较有利的矿产，充分发挥各省（区）资源特长，为在全国范围内实现资源配套，建立完整的国民经济体系贡献各自的力量。

（二）认识地质规律要有一个过程

坚持实践是检验真理的唯一标准，就要正确处理实践与认识的关系，坚持实践、认识、再实践、再认识的认识路线。毛泽东同志于 1962 年扩大的中央工作会议上，在阐述辩证唯物论的认识论和总结新中国成立后正反两方面建设经验教训时科学地指出，"对于建设社会主义的规律的认识，必须有一个过程。"这个论断对于认识客观地质规律更具有重要的指导意义。因为地下的地质矿产情况靠人的感觉器官，以及感觉器官的延伸——先进的技术装备和技术方法是难以预测其全貌的。正如恩格斯曾经指出的那样，"地质学就其性质来说主要是研究那些不但我们没有经历过而且任何人都没有经历过的过程。所以要挖掘出最后的、终极的真理就要费很大的力气。"这就是说，认识客观地质规律更需要经历一个长期曲折、反复实践、不断深化的过程。江西的找矿实践也充分证明了这一点。江西铜矿、钨矿具有良好的成矿地质条件，对此人们并不是一开始就清楚了解的，而是经过反复实践之后才逐步认识到的。20 世纪 50 年代，特别是解放初期，投入找钨的地质力量较多，找铜的则很少。而找钨的队伍又主要集中在赣南，赣北主要找煤、找铅锌等。这是由于新中国成立前老一辈地质学家对赣南钨矿做过较多的地质调查，又有一些老矿山在采煤、采钨，因而对钨矿和煤矿了解就多一些，投入的找矿力量相对也多一些。

三、充分发挥科研的指导作用

坚持实践是检验真理的唯一标准，还要正确处理物质与精神的关系。既要承认精神来源于物质，坚持实践第一；又要承认精神对于物质的反作用。新中国成立以来党的地质科学勘查实践，雄辩地说明了这样一个道理：按客观地质规律办事，从实际出发确定找矿方针，地质工作就前进，并能取得显著的成就；反之，不从实际出发，违背客观地质规律，地质工作就会遇到挫折，甚至遭受客观规律的惩罚。科学研究就是要从地质工作的实际出发，揭示矿藏形成的演化规律、找寻地质勘查的勘探规律、阐释地质工作认识规律等，从而指导找矿探矿。

第二章　地学哲学与中华地学文化

　　哲学社会科学是人们认识世界、改造世界的重要工具，是推动历史发展和社会进步的重要力量，其发展水平反映了一个民族的思维能力、精神品格、文明素质，体现了一个国家的综合国力和国际竞争力。

　　地学哲学研究地球科学理论与实践中的哲学问题。地球科学的相关理论与实践构成了地学文化，是人类文化的一个重要组成部分，使人们去不断地认识地学规律、把握地学知识、开发地球资源，协调人与地球的关系。

　　我国自古以来就对探索地理有着强烈的渴望，从朴素的石器时代一直到近代地学发端的清朝，地学知识无时不体现在人们生活的各个方面。其内容涵盖天地、生死、山川河流、江河湖海。浩如烟海的中华文化典籍中不乏地学经典之作，形成了丰富的地学文化知识宝库，同时传承着地学精神。从大禹治水到李冰父子修筑都江堰，从张骞的"丝绸之路"到郑和七下西洋，从唐朝的玄奘到明代的徐霞客等，留下了无数动人的故事。

　　中国历史悠久文化灿烂，古代的石器文化、铁器文化、青铜文化等，都与地学哲学有着千丝万缕的联系。早期宗教和神学观念的产生，是由于古人惧怕自然灾害而产生的一种自然崇拜，人们对于火、水、旱灾、地震、雷电等自然现象无法从其本质进行把握，其变化莫测，直接或间接地威胁着人类的生存，就认为自然界存在着"神灵"，主宰着人的生死祸福，从而希望通过祈求、祭祀等方式，来与神灵交流沟通，获得庇佑。自然哲学逐渐兴起之后，人们对于天地奥秘有了更多探索，"仰以观之天文，俯以察于地理"。中国古代"沧海桑田"自然观的确立，建立在对地表的变化认识基础之上，却以道家神话为载体为人所熟知，而魏晋时代"玄学"的兴起，起因则是当时社会动荡，世人寄情于山水。地学文化作为一个非常重要的新命题，是地球科学与文化的结合，从中国古代的"天命论"到后来人定胜天的"征服论"，从西方的自然主义到人类中心主义，直到当代形成科学发展的"和谐论"，这些理论经历了漫长曲折的实践与认识过程，无不深刻地影响着人类社会的进步与发展。而每一种文化都有着自己的哲学作为内核，地学哲学作为地学文化的中心内核，统领着地学文化的发展方向。中国古代的宇宙观、土地观、政治观、经济观等，都离不开对土地的认识，由此，产生了中国古代地学哲学思想，同时也衍生出众多地学经典之作。

第一节　地学哲学承载中华文化典籍

人地关系是地学哲学的基本问题。中华文化历史悠久，源远流长，虽未明确提出地学哲学，但是我们可以在裴秀的"制图六法"中捕捉到地学定量思维的闪光点，也可以在葛洪《神仙传》关于"东海三为桑田"的猜测中体会到古人对地球历史演变的悟觉。

古人抑或在自然崇拜中体会地学哲学，抑或通过政治活动感受地学哲学，抑或在游历名山大川中思考地学哲学。我国文化典籍数目繁多，其中蕴含的地学智慧更是精彩而丰富。例如，研究我国的绘画作品，也不难发现绘画中隐藏的地学知识，我们从绘画中可以看到某个地方的地形地貌、植被状况、流水状态和方向、地质构造、地理气象、矿物和岩石的分布状态以及地球形状等，而其中产生了美感的地学现象，很多都蕴含着深刻的哲学思想。可以说，中华传统文化典籍中蕴含着丰富的朴素的地学哲学思想，是人们在长期的生产生活实践中的总结和精华。中华文化典籍蕴含着地学哲学，一部部地学经典处处闪现着先人的地学哲学智慧。

一、中国古代地理专著与地学哲学

中国古代地理著作众多。早在原始社会时期，人们就积累了许多对地形、岩石等地理要素的认识。我国历史上有很多著名的地理学者，他们或通过旅游行走，游历各地的自然风光，或通过参与历代统治阶级的自然崇拜活动，广泛地搜集地学资料，最终完善了自己对社会经济、文化风俗等的认知和了解。诸如汉代的司马迁、王充，北魏的郦道元、贾思勰，北宋沈括，南宋范成大以及明代罗洪先等，他们都对中国古代地学、古代气象等研究做出了重大贡献，特别是郦道元和徐霞客。

古代尚未系统梳理地学哲学体系，但是今人可以从各个地理著作中散见到丰富的地学哲学知识。

(一)《尚书·禹贡》与地学哲学

《尚书》（一作《书经》，简称《书》）列为儒家经典之一，"尚"即"上"，《尚书》就是上古的书，它是中国上古历史文献和追述古代事迹著作的汇编。

《尚书·禹贡》是中国第一篇区域地理著作，作为我国有文字记载以来首次阐述人与地理关系的经典，在地学研究中占据着重要地位。《禹贡》是《尚书》中的一篇。该书把我国古代王朝的疆域划分为九州，并建立五服贡纳制，书中反映出夏代是产生中华文明中心观念与多样化的文化生态认知体系的重要历史阶段，并首次接触到地理环境生态与文化生态平衡发展的问题。①

《禹贡》篇幅短小，内容却很翔实，短短 1193 字，以山脉、河流等为标志，将全国划分为九州，并对每个州的疆域、山脉、河流、土壤物产等自然地理环境和道路、部落等人文地理现象做了简要而明白的描述。全书叙述了上古时期洪水横流，不辨区域，从大禹治水以后则划分为冀、兖、青、徐、扬、荆、豫、梁、雍九州，并扼要地描述了各州的地理概况。此外在文中，作者将九州山脉分为四列，并叙述了主要山脉的名称、分布特点和治理情形，同时说明疏导山脉的目的是治水。另外，文中也叙述了 9 条主要河流和水系的名称、

---

① 张碧波. 人文地理学与文明中心观之始原——读《尚书·禹贡》[J]. 黑龙江社会科学, 2006
(1): 102 - 105.

源流、分布特征以及疏导的情况。文中还总结概括了九州水土经过治理以后，河川都能和海洋湖泊相通，水流能够及时得以疏通，不再有堵塞发洪水的隐患。从此，在国家管理范围内，以京城为中心，把国土范围分为甸、侯、绥、要、荒五服，九州得以安定。

《禹贡》序言："禹别九州，随山浚川，任土作贡。"即交代了《禹贡》的写作目的。"任土作贡"，是谓"水害既除，地复本性，任其土地所有，定其贡赋之差"。在冀州"厥土惟白壤"下注曰："水去，土复其性，色白而壤。"其中，"任土"是对土质土性的认识，并据此而定"贡赋之差"。人类在大自然面前处于被动地位的上古三代时期，就能够分辨土质，并根据土质加以运用，这是一件了不起的大事，说明其中蕴含着夏人的主动性与创造性，也因此他们才能改变被动地位，并实现主动认识自然、改造自然的愿望。而容纳地理生态为文化生态机制的一个组成部分，则表达了中华先民"九州攸同""四海会同"的人地同构的新人文地理观念。

《禹贡》中的地学哲学思想在于：第一，《禹贡》虽说不尽完美，却是我国自有文字以来，首次从人文地理学的视角来进行叙述的经典，涵盖了自然地理、政治地理、文化地理等各个方面，确立了国家文明的特点及分布。由此可知，《禹贡》注意到了人类的生存与自然生态之间相互影响、相互作用的关系。第二，《禹贡》所描述的山川河流，是在经历洪水灾害之后才得以知觉，因此，为人民提供了保护环境、保持生态平衡的典型事例。第三，《禹贡》中处处体现出来国家政令教化的痕迹，说明古代山川地理的整理与政治文化紧密联系，从中也可看出传统地学的发展是与国家的发展相联系的。

（二）《汉书·地理志》与地学哲学

《汉书·地理志》包括上、下两分卷，是东汉班固新制的古代历史地理杰作。中国的地学著作，从《尚书·禹贡》《山海经》开始，到《汉书·地理志》，逐渐形成了着重于记载山川、道路、关塞、水利、土质、物产、贡赋，特别是政治区划变置的传统，这可以佐证传统地学的政治性。

《汉书·地理志》作为我国首部以地理命名的著作，开创了我国疆域地理志的先河。《汉书·地理志》由三部分组成，卷首收录了我国古代地理名著《禹贡》和《职分》二篇，简单交代了前朝关于地理的研究。卷末附录部分载有刘向的《域分》和朱赣的《风俗》；中间是主体部分，是班固在地理学方面的创作，这部分以记述疆域政区的建制为主，为地理学著作开创了一种新的体制，即疆域地理志。其中，共记载了河流 300 余条，包括黄河水系 60 余条。文中不仅记载了河流的源头、地名，还记载了其流入河名，比较全面充分地反映了汉代的地理面貌。

《汉书·地理志》对于地学哲学的贡献在于，它是我国古代地理著述中最为基础性、系统性的典籍，是较为完整的疆域政区地理志，是在中央集权大一统的形势下完成的，从科学史的角度来看，《汉书·地理志》对于我国地理学发展的影响是相当大的，它开辟了沿革地理研究的领域。

然而《汉书·地理志》同样具有其他古代科技地理书籍的共同缺点，如猜测性明显、缺乏严格考证。加上该书是政治集权之下的地学政治产物，研究者往往偏向于史学和行政疆域方面的考量，忽视了对于山川本身的地貌形态与发展规律的探索。

(三)《禹贡地域图》与地学哲学

约在西晋武帝泰始四年至七年（268—271），裴秀主编完成了《禹贡地域图》18 篇。《禹贡地域图》是中国目前有文献可考以文字形式记载的最早的历史地图集，为中国传统地图测绘奠定了理论基础，裴秀因此被称为中国传统地图学的奠基人。

裴秀对《禹贡》的记载做了详细的考证和修订，他对九州的范围到具体的山脉、河流、湖泊、沼泽、平原、高原，都一一进行了考察落实。同时，他又结合当时的实际情况，探明了历代的地理沿革，连古代时期的诸侯结盟地与水陆交通也一一摸清。对于自己暂时确定不了的，就"随事注列"，决不敷衍了事。最后，裴秀终于制成了著名的《禹贡地域图》18 篇，该书也成为我国历史上最早的地图集。这些地图，都是一丈见方，按"一分为十里，一寸为百里"的比例（即 1:1800000）绘制而成。无疑，这是当时最完备、最精细的地图。

然而，裴秀绘制的这套地图集后来失传，现在我们能见到的，只有他为这套地图集所撰写的序言（见《晋书·裴秀传》）。这篇序言中保存了他的"制图六体"理论。他总结了前人制图经验，提出了地图制图的六条原则，即"制图六体"："制图之体有六焉。一曰分率，所以辨广轮之度也。二曰准望，所以正彼此之体也。三曰道里，所以定所由之数也。四曰高下，五曰方邪，六曰迂直，此三者各因地而制宜，所以校夷险之异也。有图像而无分率，则无以审远近之差；有分率而无准望，虽得之于一隅，必失之于他方；有准望而无道里，则施于山海绝隔之地，不能以相通；有道里而无高下、方邪、迂直之校，则径路之数必与远近之实相违，失准望之正矣，故以此六者参而考之。然远近之实定于分率，彼此之实定于准望，径路之实定于道里，度数之实定于高下、方邪、迂直之算。故虽有峻山钜海之隔，绝域殊方之迥，登降诡曲之因，皆可得举而定者。准望之法既正，则曲直远近无所隐其形也。"①

这里所说的"分率"，用以反映面积、长宽之比例，即比例尺；"准望"，用以确定地貌、地物彼此间的相互方位关系；"道里"，用以确定两地之间道路的距离；"高下"，即相对高程；"方邪"，即地面坡度的起伏；"迂直"，即实地高低起伏与图上距离的换算。

裴秀认为，制图六体是相互联系的，在地图制作中极为重要。地图如果只有图形而没有比例尺，就无法进行实地和图上距离的比较和测量；如果按比例尺绘图，不考虑准确度，那么就只能适用于某一处的地图，在其他地方就会有偏差；有了方位而没有说明距离的远近，就不知道图上各居民地之间的远近；有了距离，而不测相对高差，就不能知道山的坡度大小，那样道路之间的距离就和事实上的远近不相符合，这样绘出来的地图同样精度不高，不能应用于实际之中。这六条原则的综合运用正确地解决了地图比例尺、方位和距离三要素问题。

裴秀的《禹贡地域图》对地学哲学的贡献在于，用文字和图形的方式阐

---

① 裴秀. 禹贡地域图（十八篇）序言.

明了地图测绘中的哲学道理，不仅要掌握度，而且要综合运用各种方法，具体情况具体分析，掌握联系的普遍性，不能偏废其一。制图六体也由此成为中国明代以前地图制图学理论的基础，具有重要的理论价值和理论地位，在指导实践方面起到了重要的作用。

（四）《水经注》与地学哲学

《水经注》是古代中国地理名著，共 40 卷，北魏郦道元所著。《水经注》因注《水经》而得名，《水经》一书约 1 万余字，《水经注》全书 30 多万字，《水经注》看似为《水经》之注，实则以《水经》为纲，详细介绍了我国境内 1000 多条河流以及与这些河流相关的郡县、城市、物产、风俗、传说、历史等，是中国古代最全面、最系统的综合性地理著作。由于书中所引用的大量文献很多在后世散佚了，所以该书保存了许多原始资料，较为全面而系统地介绍了水道所流经地区的自然地理和经济地理等诸方面内容，是一部历史、地理、文学价值都很高的综合性地理著作。

《水经注》记录了不少碑刻墨迹和渔歌民谣，文笔雄健俊美，既是古代地理名著，又是优秀山水文学的作品。其内容包括自然地理和人文地理的各个方面。

在自然地理方面，所记大小河流有 1252 条，从河流的发源到入海，涉及干流、支流、河谷宽度、河床深度、水量和水位季节变化、含沙量、冰期以及沿河所经的伏流、瀑布、急流、滩濑、湖泊等都广泛搜罗，详细记载。所记湖泊、沼泽 500 余处，泉水和井等地下水近 300 处，伏流有 30 余处，瀑布 60 多处。而地形地貌也涉及高低、低地、山川、平原等，高地有山、岳、峰、岭、坂、冈、丘、阜、崮、障、峰、矶、原等，低地有川、野、沃野、平川、平原、原隰等，仅山岳、丘阜地名就有近 2000 处，喀斯特地貌方面所记洞穴达 70 余处，植物地理方面记载的植物品种多达 140 余种，动物地理方面记载的动物种类超过 100 种，各种自然灾害有水灾、旱灾、风灾、蝗灾、地震等，记载的水灾共 30 多次，地震有近 20 次。

在人文地理方面，所记的一些政区建置往往可以补充正史地理志的不足。

所记的县级城市和其他城邑共 2800 座、古都 180 座，除此以外，小于城邑的聚落包括镇、乡、亭、里、聚、村、墟、戍、坞、堡 10 类，共约 1000 处。还记有大批屯田、耕作制度等资料。在手工业生产方面，包括采矿、冶金、机器、纺织、造币、食品等。所记矿物有金属矿物如金、银、铜、铁、锡、汞等，非金属矿物有雄黄、硫黄、盐、石墨、云母、石英、玉、石材等，能源矿物有煤炭、石油、天然气等。兵要地理方面，全注记载的自古以来的大小战役不下 300 次，许多战役都生动地说明了利用地形的重要性。

郦道元在《水经注》中表达了地学哲学思想，对于人类认识自然改造自然的观点，如"水德含和，变通在我""云雨由人，经国之谋"①。《水经注》体现的是人能够合理利用自然、改造自然的思想，并通过治理洪水等案例来说明人类在利用自然时应当遵守规律，把握规律，这对于古代自然哲学的发展来说无疑起着重要的推动作用，于现今而言，同样具有深刻意义。

二、小说散文与地学哲学

各类散文、志传、小说都是中华传统文学的常见体裁，其中，有不少作品中都包含着丰富的地学哲学思想。

历代笔记小说中也有不少地学哲学思想。如沈括的《梦溪笔谈》、姚宽的《西溪丛语》、张华的《博物志》，此外还有《东坡志林》《款园杂记》《颜山杂记》《广阳杂记》《广东新语》等。这些作品不仅含有丰富的地学知识，也有许多涉及地学的哲学解释，除此之外，地学知识的发展脉络在历代小说中都可以追根溯源，所以说地学哲学与笔记体小说有密切的关系。

（一）《山海经》与地学哲学

据记载，《山海经》是中国先秦关于地球理论和历史的古籍，可以说，《山海经》是一部富于神话传说的最古老的地理书，它是秦统一天下后编撰的，主要是中国"东、西、南、北、中"五大区域山、水、村落、物产、矿

---

① 曹仪婕. 论《水经注》的生态思想［J］. 语文学刊（教育版），2015（15）：89 - 90.

物、动植物区域的划分，系统而全面地记载了中国先秦时期的地理概况，是一本内容比较全面的秦代中国地理志。

其中所记述的古代神话、地理、物产、巫术、宗教、古史、医药、民俗、民族等方面的内容。《山海经》全书共 18 卷，分为"山经""海经""大荒经""海内经"等不同的卷目，共约 31000 字，记载了 100 多个邦国的山水地理、风土物产等。其中，"山经"记载的大部分是历代巫师、方士和祠官的踏勘记录，经长期传写编纂，有所夸张和修饰，但其内核是不变的，仍具有较高的参考价值。

关于《山海经》全书涉及的地域范围及相关物事虚实，历来众说纷纭。很多学者都认为《山海经》是在一次国家地理大普查之后的文献记载，有一些确实能确定下来，比如，黄河、渭河、华山等，地理位置与现实的大体一致。事实上，《山海经》虽然不是纯粹的地理书，但其地理学内涵却是第一位的，因为它从各个方向有秩序、有条理地记叙了各地的地理特征，包括自然地理特征和人文地理特征。

首先，《山海经》有自然地理记述。书中记载了许许多多的山，如"堂庭之山""杻阳之山""青丘之山""箕尾之山"等，而每座山的命名都是根据山的地貌来定的，这些山也体现了山系的走势；另外，文中也有极其丰富的水文记载，书中设计的河流大都记明了源头和注入之处，河流的发源地可以在某一山麓，而它的注入处却远离此山，记述者在水文记载时也注意到了河流干流的全貌。虽然河流的经流不见记载，但是从若干干流如黄河、渭水以及许多支流流入其干道的情况可以了解到它们的大致流经区域。另外，《山海经》记载了伏流河和季节河。"潜行于下"的河即伏流河。

其次，《山海经》还有人文地理记述。《海经》部分大量记述了当时一些区域的社会人文风俗、经济发展、科技成果等。有许多关于先民对于疆域的开发，如《海外北经》提到"共工之臣曰相柳氏，九首，以食于九山。相柳之所抵，厥为泽溪。禹相柳，其血腥，不可以树五谷（种）。禹厥之，三仞三沮，乃以为众帝之台。在昆仑之北，柔利之东。相柳者，九首人面，蛇身面青。不敢北射，畏共工之台。台在其东，台四方，隅有一蛇，虎色，首冲南方"。

《山海经》中的地学哲学在于，《山海经》将现实与神话相统一，将先秦地理与神话相联系，虚虚实实，勾勒了一幅神秘的古代社会生活画卷，在唯心与唯物之间切换，以神话宗教的形式来言语现存或想象中的山川，既是万物有灵论，又是"天人合一"的另一种阐释，由此，也警示世人，人类不是世界的中心，人与自然当和谐相处。

（二）《徐霞客游记》与地学哲学

《徐霞客游记》是明末地理学家徐弘祖（一作宏祖，号霞客），经过34年的旅行，对地理、水文、地质、植物等现象进行详细记录而成的以日记体为主的地理著作，在地理学和文学上有重要的价值。

作为中国古代地学的思想家，徐霞客运用完整的逻辑思维、严谨认真的治学态度和宽阔的地学视角，在地球观、地学观、地学研究方法等方面均有所创新，徐霞客已大大超出了中国古代历史上任何一位地学家。

徐霞客总结了中国古代地学研究的方法。徐霞客毕生从事的地学实践活动，是融于中国古代地学研究传统之中的。我们可以在《游记》中看到他继承前人地学研究方法的大量例子，例如，经验方法中的观察方法、理性方法中的比较和类比方法甚至综合思考的方法等。同时，我们也可以在《游记》中读到他对这些传统地学方法的再创新。例如，在观察方法中，他不仅在记录和描述中显示出超于前人的细致和精确，而且他把理性的思考与感性的观察、记录结合在一起，从大量捕获的科学实例中进行逻辑分析。而且，这些分析和研究往往就是在野外进行的，这使得中国古代地学感性方法真正开始与理性有机结合，并形成了类似于西方18世纪前后开展的野外实验和实习活动的雏形。

在《徐霞客游记》中，他不仅进行了大量的因果分析，还在分析中列举了其他的可能性。例如，在分析岩溶地貌的成因时他有多种解释，一是说地面多种石山地形是由于"山洗其骨，天洗其容"；二是说由于流水侵蚀造成，如对广西佛子岭南岩的分析；三是说由于石灰岩中水的滴落而成，如对云南保山水帘洞的分析等。

在野外考察中，徐霞客一方面大量吸取前人考察、研究的成果，并常携带大量书籍，如《大明统一志》《游记合刻》《衡州统志》等，用以指导与参考。另一方面，为了得到真实可靠的数据，徐霞客只身考察了数百个洞穴，做了大量生动的记录，其中对洞穴形态、洞穴水文、洞穴生物、洞穴堆积、洞穴气候、洞穴考古、洞穴成因等均做了大量的记述，并采集了洞穴标本，将理论与实际相结合。不仅如此，他的研究方法已包含了现代地学中某些方法的精华，如在考察洞穴中涉及的地质学、水文学、物理学、化学、古生物学、地质年代学、考古学等多门学科的知识和思想方法。

《徐霞客游记》中的地学哲学思想表现在，第一，在徐霞客富有经验性的和实证性的考察之上，将大量地学哲学的抽象原理散记于《徐霞客游记》的记录之中。第二，把综合思维建立于广泛而细致的观察基础之上。在宏观上，他能依据考察对象的整体状况从特性、类型和范围等方面概括对象的特点和规律。在微观上，他能对具体考察对象采用多角度分析和认识，更显示出其综合思考的特点。第三，批判和创新思维。徐霞客在自己坚实的考察基础上对前人书中或流传中的疑点或谬误进行考证或纠正。例如，在考察水系时，他纠正了前人许多错误的认识，较突出的是对《禹贡》中"崛山导江"说法的大胆更正。

（三）《梦溪笔谈》与地学哲学

《梦溪笔谈》，北宋科学家、政治家沈括撰，是一部涉及古代人民自然科学、工艺技术及社会历史现象的综合性笔记体著作。该书在国际上亦受重视，英国科学史家李约瑟评价其为中国科学史上的里程碑。

目前可见的最古老版本是元大德刻本，该版本《梦溪笔谈》一共分30卷，其中《笔谈》26卷、《补笔谈》3卷、《续笔谈》1卷。《梦溪笔谈》有30多个条目涉及自然地理、政治经济地理、测量、地图制作等。《梦溪笔谈》作为我国著名的古代百科著作，成书于北宋年间，为我国政治经济的发展提供了巨大的支持，书中收录了沈括终生的研究成果。其中有关地学的条目不算甚多，35条左右（英国学者李约瑟博士统计为32条，计地质、矿物学方面17

条；地理、制图学方面15条），但其涉及的范围却极为广泛，几乎包括了地学领域的全部：结晶学、矿物学、物理地质学、矿床成因学、沉积学、岩相古地理学、生物地球化学、矿冶工艺学、地理学、制图学等。

同时，在《梦溪笔谈》一书中，大量的地质学思想领先于当时的世界水平，一定程度上能够反映出我国在当时的社会政治经济发展情况。沈括不仅以其丰富的阅历，撰写了有关山川、地名沿革与考辨的条目，也对各地重要物产、生产与生活资料的产销与经营管理等有大量的记述，为研究北宋时期自然地理、政治经济地理均提供了重要参考。例如，沈括考察了温州雁荡山独特地形地貌并分析其成因之后指出："原其理，当是为谷中大水冲击，沙土尽去，唯巨石岿然挺立耳。"这种"流水侵蚀作用"的看法是十分正确的，这一观点，直到18世纪末英国的赫顿在《地球理论》一书中才出现，比沈括晚了约700年。[①] 中国自古虽有"高山为谷，深谷为陵"之说，但是能对流水的侵蚀作用做出科学解释的，沈括为第一人。

沈括还在《梦溪笔谈》中记录了他对于磁偏角的发现，而西方直到1492年哥伦布横渡大西洋时才首次观测和发现地磁偏角现象。沈括在奉命疏通汴渠时所进行的地质测量也要比国外最早的地质测量早600余年，国外最早的地质测量是俄国于1696年开始的顿河测量。此外，研究发现沈括还是世界上第一个命名石油并把石油用于民用生产的人。这一切都说明《梦溪笔谈》在地学方面是成就卓著的。

《梦溪笔谈》中的地学哲学思想在于，沈括对于中国各个地区的地理环境进行了深入的研究和总结，还从地下发掘的产物上，对当地所处的地理位置和气候条件进行了研究和分析，对当时的自然环境情况进行了有理有据的分析，并且根据化石推论了古代的自然环境，这些内容实际上都表现出沈括明显的唯物主义情怀。从《梦溪笔谈》中可以看出，沈括在观察、实验、推理、思维等方面都具有自成一派的较为科学的地学理论思想，能以唯物的、否定的、批判的、辩证的态度和思想来进行地学创新和研究，并在前人的基础上进行归纳

---

① 潘天华.《梦溪笔谈》研究的主要内容与成果概览 [J]. 镇江高专学报, 2009 (4): 23 - 28.

和总结。此外，《梦溪笔谈》也从人地关系方面给现代地学和生活带来了启示，要正确处理人地关系，坚持可持续发展。

三、道教文化典籍与地学哲学

中华传统文化著作如汗牛充栋，中国传统宗教道教更是与地学有着千丝万缕的联系。道教崇尚养生、炼丹，很多药物本身的开采就是在此指导之下进行的。

矿产资源的利用和矿物的利用，为中华文明的进步奠定了坚实的基础，尤其是铜、铁、铅的应用，更是极大地推动了社会政治经济的发展。在这个过程中，铁器的出现和大量应用，为我国经济进入一个新的阶段提供了必要的条件，也开启了我国铁器文化的时代。

(一)《抱朴子》与地学哲学

由于道教炼丹的原料是矿物，因此道教对矿物有研究，如葛洪的《抱朴子·内篇》、梅彪的《石药尔雅》、金陵子的《龙虎还丹诀》、张果的《玉洞大神丹砂真要诀》、土宿真君的《造化指南》等，都是中国古代矿物学的重要文献，因为炼丹的需要，所以道教才能够对地学中的矿藏资源的研究有所了解，例如，《金石簿五九数诀》，开篇便言"夫学道欲求丹宝，先须识金石，定其形质，知美恶所处法"。我们从道教的许多书籍中也可以看到，在道教文献资料中，矿物矿石的记载是非常常见的，从各类道教典籍中可以看到古人朴素的唯物主义思想以及对于地球万物的哲学思考。

《抱朴子》是东晋道教葛洪的著作。《抱朴子·外篇》，专论人间得失，世事臧否。葛洪在坚信炼制和服食金丹可得长生成仙的思想指导下，长期从事炼丹实验，在其炼丹实践中，积累了丰富的经验，认识了物质的某些特征及其化学反应。

葛洪认为人与天、地同样由道生成，并无区别，而万物生命状态的延续则来自于"气"的贯注。"气"的概念在葛洪的理论体系中，与道一样是自在之物，不随物质生灭而出现或消失，但能随物质生灭而流转。正如前文葛洪定义

"玄"时谓"玄之所在，其乐不穷。玄之所去，器弊神逝"。葛洪此处的"玄"亦具有"气"的内涵，他认为"气"的流转是万物生灭的根本原因，他将这种流转的过程称为"化"。

葛洪试图站在宇宙观、本体论的高度来论证神仙长生的思想，以建立一套较为系统的道教哲学。他吸取汉代扬雄《太玄》的思想，在《抱朴子·内篇·畅玄卷第一》中便提出"玄"概念，认为它是宇宙的本源，世上一切都是"玄"产生的，即"玄者，自然之始祖，而万殊之大宗也"。并对"玄"进行描述，指出是一个极其微妙、极其深邃、至高而又至广、至刚而又至柔、亦方亦圆、忽有忽无、来无影、去无踪、变幻莫测、缥缈无际而又无所不在无所不能的东西。且宇宙的形成、事物的变化，都是"玄"造成的，它先于一切事物而存在，是一切事物的操纵者。这个超自然的神秘主义的宇宙本体"玄"，构成了葛洪神仙道教思想体系的理论基础。与"玄"相联系的，《抱朴子·内篇》还提出"道"与"一"这两个概念。"道者，涵乾括坤，其本无名。论其无，则影响犹为有焉；论其有，则万物尚为无焉。""道"也是无所不在、无所不包的。"道"又起于"一"，与"一"密不可分。"一"的作用神通广大，无所不能，所以，"人能知一，万事毕。知一者，无一之不知也。不知一者，无一之能知也。"

（二）《神仙传》与地学哲学

东晋葛洪《神仙传》中的故事"麻姑"记录了古人对于地球变化的认知。故事说，在汉桓帝时，有个神仙叫王远，字方平，他下凡到蔡经家里。麻姑进来拜见王方平，王方平随即起立。坐下来之后，麻姑说道：从上次接见以来，已经看到东海三次变为桑田了。刚才到蓬莱仙岛，见海水又比过去浅了。计算时间才大约一半呀，难道东海还会再度变为丘陵和陆地吗？王方平笑着说：圣人都说，大海还要干涸，扬起尘土。[①]

"沧海桑田"的意思是海洋会变为陆地，陆地会变为海洋。这种"沧桑之

---

① （东晋）葛洪．神仙传．

变"是发生在地球上的一种自然现象。因为地球内部的物质总在不停地运动着，因此会促使地壳发生变动，有时上升，有时下降。挨近大陆边缘的海水比较浅，如果地壳上升，海底便会露出，从而成为陆地；相反，海边的陆地下沉，便会变为海洋。有时海底发生火山喷发或地震，形成海底高原、山脉、火山，如果它们露出海面，也会成为陆地。

"沧海桑田"是葛洪观察地表变化得出的地学总结，是对于地学哲学的智慧悟觉，深刻体现了中国传统道教的哲学智慧。

四、山水诗文与地学哲学

在漫长的历史长河中，统治阶级对名山大川的崇拜和对神灵万物的祭祀对广大民众产生了决定性的影响，而受到考学制度影响，当时的文化知识阶层也对自然山川有了更多的崇拜，于是这些文人雅士便以多种文学形式来赞美歌颂名山大川，出现了以袁宏道、柳宗元、王维、元结等为代表的山水文学。这是中国古代形成山水游记、山水志等地学流派的原因之一。这些流派对地学的发展具有重大意义。如唐代诗人王之涣《登鹳雀楼》的"欲求千里目，更上一层楼"、杜甫"会当凌绝顶，一览众山小"，其实从侧面反映了大地不是平的，而是盾形或者球形，这样才能登高望远[①]。陶渊明"采菊东篱下，悠然见南山"展现了美丽的地形景观，与人的人生观相互融合，凸显其淡泊心性。

（一）柳宗元山水诗文与地学哲学

柳宗元（773—819），唐宋八大家之一，唐代文学家、哲学家、散文家和思想家。柳宗元一生留诗文作品达600余篇，在诗、文方面均有建树。柳宗元的游记写景状物，多所寄托，有《河东先生集》，代表作有《溪居》《江雪》《渔翁》等。在山水诗人中，柳宗元对地学哲学是有一定贡献的。不仅是因为柳宗元诗文中所透露出来的地学哲学意蕴，还因为柳宗元本身将哲学与生活紧密联系在一起，使得其山水游记充满了浓郁的中国古典哲学气息。

---

① 王维. 地学文化的历史传承. 地学哲学与地学文化 [J]. 北京：中国大地出版社，2008：329.

《永州八记》的第一篇《始得西山宴游记》，是柳宗元山水游记中的经典作品。"其高下之势，岈然洼然，若垤若穴，尺寸千里，攒蹙累积，莫得遁隐。萦青缭白，外与天际，四望如一。然后知是山之特立，不与培塿为类。悠悠乎与颢气俱，而莫得其涯；洋洋乎与造物者游，而不知其所穷。饮觞满酌，颓然就醉，不知日之人。苍然暮色，自远而至，至无所见而犹不欲归。心凝形释，与万化冥合。"文中描述了柳宗元游览西山之后的所见所想：它们的高高下下的形势；山峰高耸，山谷凹陷，有的像小土堆，有的像洞穴；千里内外的景物近在眼前，种种景物聚集、缩拢在一块，没有能够逃离、隐藏在视线之外的；青山白云互相缠绕，视野之外的景物与高天相连，向四面眺望都是一样。柳宗元并没有停留在状物，而是从物触发了自己的思考"悠悠乎与颢气俱，而莫得其涯；洋洋乎与造物者游，而不知其所穷"。无穷无尽，与天地间的大气融合，没有谁知道它们的边界；无边无际，与大自然游玩，不知道它们的尽头。心神凝住了，形体消散了，与万物暗暗地融合为一体。从中看出柳宗元从游览西山中所体会出的"天人合一"思想。

《钴鉧潭记》是柳宗元另一篇西山游记，"突怒偃蹇，负土而出，争为奇状者"形象地描绘了钴鉧潭小丘上的石头的各种形状，十分形象。《袁家渴记》也以状物抒情的方式，对袁家渴①的景观进行描述。文章篇幅虽小，但写景有点有面，点面结合自然，详略得当，虚实互补贴切，"平者深墨，峻者沸白。舟行若穷，忽又无际。有小山出水中。山皆美石，上生青丛，冬夏常蔚然。其旁多岩洞。其下多白砾；其树多枫、柟、石楠、楩、槠、樟、柚；草则兰芷，又有异卉，类合欢而蔓生，轇轕水石。"简练而生动地描绘了袁家渴的地质情况。"每风自四山而下，振动大木，掩苒众草，纷红骇绿，蓊勃香气；冲涛旋濑，退贮溪谷；摇飏葳蕤，与时推移。"又展现出袁家渴周围生机盎然的自然环境，同时展示出柳宗元的自然地理、环境气候知识。

正是在这种动静结合、天然自在的环境中，通过借物抒情、托物言志等方式，柳宗元在山水游记中融入自己的人生哲学，并使自己的郁结得以缓解，展

---

① 楚、越两地之间的方言，水的支流叫作"渴"（读"褐"音）。

现出昂然向上、奋斗不止的生命意义。

（二）苏轼山水诗文与地学哲学

苏轼在山水艺术的创作过程中，形成了自己独特的山水哲学思想。苏轼的山水诗文中，不仅浓缩了个人的生活经历，也体现了自己的人生态度，其中便包含着苏轼对宇宙万物的观点和思考。苏轼认为，水是天下至信之物，具有至真、至形、至善的特点，是"不变性"与"可变性"的统一。因此，各种山水美景既表现出了"漠然无形"的特色，也具有有机的整体形象，并蕴含着无限的内在意味。山水艺术作品旨在通过"平淡至味"的艺术意象来体现水之至信的本性和山水漠然无形的特征。

苏轼在《苏轼文集》卷一《滟滪堆赋》中说："天下之至信者，唯水而已。江河之大与海之深，而可以意揣。唯其不自为形，而因物以赋形，是故千变万化而有必然之理。掀腾勃怒，万夫不敢前兮，宛然听命，惟圣人之所使。"在此，苏轼从水的形态和发展中阐发出去，"唯其不自为形，而因物以赋形，是故千变万化而有必然之理"说明了环境对事物发展的作用，体现了外因的作用，同时又说明了事物之间存在的规律。

在《苏轼文集》卷一《赤壁赋》中，苏轼关于"水"的性质这一问题，又做了进一步的具体解释："客亦知夫水与月乎？逝者如斯，而未尝往也。盈虚者如彼，而卒莫消长也。盖将自其变者而观之，而天地曾不能一瞬。自其不变者而观之，则物于我皆无尽也。而又何羡乎？且夫天地之间，物各有主。苟非吾之所有，虽一毫而莫取。惟江上之清风，与山间之明月，耳得之而为声，目遇之而成色。取之无禁，用之不竭。是造物者之无尽藏也，而吾与子之所共适。"在《滟滪堆赋》中，苏轼曾经谈到水的一个特征，即可变性，它是"因物赋形"，因而具有千变万化的特点，但这个"可变性"不是《滟滪堆赋》一文的焦点，苏轼不过是要借此说明，富有千变万化特征的"形"，其实隐藏着不为人知的一面，深刻的必然之理，这必然之理不是有千变万化特征的意思，而是具有"不自为形"的不变性特征。而从《赤壁赋》所引的这段话中，苏轼却强调了水的"可变性"这一特点。水，逝去无回，盈虚有变。水的丰富变化的特点要归功于自然规律的变化，可以归结为取之无禁，用之不竭。

在《苏轼文集》卷一《天庆观乳泉赋》中，苏轼说："阴阳之相化，天一为水。六者其壮，而一者其稚也。夫物老死于坤，而萌芽于复。故水者，物之终始也。意水之在人寰也，如山川之蓄云，草木之含滋，漠然无形而为往来之气也。为气者水之生，而有形者其死也。死者咸而生者甘，甘者能往能来，而咸者一出而不复返，此阴阳之理也。吾何以知之？盖尝求之于身而得其说。凡水之在人者，为汗、为涕、为洟、为血、为溲、为泪、为矢、为涎、为沫，此数者，皆水之去人而外骛，然后肇形于有物，皆咸不能返。故咸者九而甘者一。一者何也？唯华池之真液，下涌于舌底，而上流于牙颊，甘而不坏，白而不浊，宜古之仙者以是为金丹之祖，长生不死之药也。今夫水之在天地之间者，下则为江湖井泉，上则为雨露霜雪，皆同一味之甘，是以变化往来，有逝而无竭。"在这里，苏轼不仅指明了天地之间有"气"，还进一步提出，自然界中万物都在变化着，然其本质不变，万物逝去，却又周而复始，因此无竭。

第二节 地学哲学弘扬中国古典哲学精髓

中国古代哲学博大精深，从殷周时期起，古人从解释人与天地之间的关系、万物存在的依据和根源等方面入手，流露出朴素的自然辩证法思想，产生了古代自然哲学的萌芽。这些在人、自然、人与自然的关系等问题上的哲学观念，形成了朴素的地学哲学思想，并从各家经典之中流露出来，迸发出智慧的光芒。

中国传统思想中有大量资源与地学哲学主张人地和谐、探寻地球发展规律的观念相契合。在中国传统哲学体系内，人与自然之间浑然一体，二者相辅相成，有机统一，这种万物与我合一的与自然相处的模式，与西方"人为自然立法"的思想断然不同，使得人与自然、宇宙万物之间能够和谐共生。中国传统思想在这方面具有独特的价值，李约瑟博士曾指出："中国的科学文化传统从未中断，古老的遗产代代相传。中国的骄傲应该在许多方面，在思想和实践方面都做了先河，但可惜由于继承下来的经济和社会因素没能在中国使其发扬。"也就是说，中国传统哲学中包含了诸多地学哲学思想，为人们正确处理人与自然、人与天地之间的关系提供了方向与指引，地学哲学对于天地人关系的探讨、对于现代地球科学的指导和追求本身也成为一种内含的文化价值。

一、道家思想与地学哲学

西方哲学把世界统一于某种具体的物质形态或某种精神实体，中国古代哲学则把"气"或"道"作为万物的统一基础。

（一）土地崇拜与地学哲学

土地孕育生命。人类在原始社会时期，还未对世界有明确的认知，亦不了解人与物的起源，以为是神在统治着世间万物。土地给予了人类与其他物种生存的基础，万物的生长依托着土地，人类自远古时期起，就对土地心存感恩，形成了土地崇拜。土地崇拜既是一种原始宗教，也是一种初始的地学文化。此时虽是"人有迷信而无知识，有宗教而无哲学"①，土地崇拜中所蕴含着的人类对于土地的信仰，也可算是人类对于人地关系的哲学探索的基础。

从新石器时代起，古人就产生了自然神、土地神的观念。民间则普遍流传着"土地公公""土地神"的传说，不管是从土地庙的广泛存在、入土为安的传统丧葬仪式、女娲"抟土造人"的神话，还是从土地生养万物的自然属性来看，原始人类对土地都充满崇拜、感恩的意识，这种土地生养万物的观念被人格化，就产生了土地崇拜，直至今日，依旧能从"社祭"仪式、"谢土"仪式等习俗中找到土地崇拜的遗存。

古代的"社祭"仪式，表明土地崇拜不仅是民间自发形成的人地关系形式，更是上升成为古代官方的礼仪制度。从殷墟卜辞中可以看到有大量的祭祀天、地、日、月、风、云、雨、雪、山、川的卜辞，并伴随着隆重的祭祀仪式。《国语》周襄王十八年，王曰："昔我先王之有天下也，规方千里，以为甸服，以供上帝山川百神之祀。"（《国语·周语》卷二，页五）② 据《周礼·

---

① 冯友兰. 中国哲学史（上）[M]. 北京：译林出版社，2017：29.

② 冯友兰. 中国哲学史（上）[M]. 北京：译林出版社，2017：30.

大宗伯》记载，当时祭祀的自然神有天神、上帝、日、月、星辰、司中（星神）、司命（星神）、风、雨、土地、社、五岳、山、川等。《礼记·王制》多处提到祭祀山川，"山川神，有不举者，为不敬，不敬者，君削以地""丧，三年不祭，唯祭天地社稷为越绋而行事""天子五年一巡守，岁二月，东巡守至于岱宗，柴而望祀山川"①。此时，尽管古人并没有清晰地提出人与自然的关系问题，却已经意识到人是自然万物中的一部分，意识到土地的神圣，并以隆重的祭祀礼仪来崇拜土地山川，这正是祖先的非"人类中心主义"的地学智慧。人们对山川土地的崇拜和祭祀，促使人们带着一种对天地万物的敬畏之心生产生活，并逐步开始观察自然、了解自然，从而开启了对人地关系的思考，开启了地理学、水文学等学科的发展，从而也开始了地学哲学的探索。

（二）"道"与地学哲学

"道"字面的含义是天的运动变化规律。由于人们对天的解释不同，所以对天道的理解也不相同。中国古典哲学中一个重要的范畴便是"天道、人道、地道"。天道常与人道对称，人道一般指人类行为的规范或规律。地道，指大地的特征和地壳运行、地上万物运行的一般规律。

中国古代哲学家大都认为天道与人道一致，以天道为本。一些哲学家主张，天道是客观的自然规律，天人互不干预。如子产认为"天道远，人道迩，非所及也"。荀子主张"明于天人之分""天行有常，不为尧存，不为桀亡"，人类应"制天命而用之"。另一些哲学家则认为天有意志，天道和人事是相互感应的，天象的变化是由人的善恶引起的，也是人间祸福的预兆。还有一些哲学家认为天道具有某种道德属性，是人类道德的范本，天道是人类效法的对象。天道与人道是中国哲学中的一对重要范畴。历代的解释或有出入，但大体不出以上几种基本观点。

道家自然哲学基本可以概括为"道法自然"。道家哲学中的最高哲学范畴是"道"。所谓"道"，是产生于会意文字，意为"人形于途中"，意指"道

---

① 礼记·王制·第五.

路", 发展到后来在《春秋》和《左传》中被抽象为描述自然和社会规律的一个哲学概念, 而到了老庄时期, 再次得到了升华, 被提升为天地之本、万物之源, 获得了宇宙论、本体论的意义。老子认为,"道"是宇宙万物的始基, 是宇宙构成的原初物质, 老子曰,"道生一, 一生二, 二生三, 三生万物", 阐述了道在宇宙演变过程中的终极性根源作用, 进一步提出只有"道"才是生命的本原。而老子的道是没有实体的模糊的一种存在,"道之为物, 惟恍惟惚。惚兮恍兮, 其中有象; 恍兮惚兮, 其中有物。窈兮冥兮, 其中有精; 其精甚真, 其中有信。"又进一步说,"有物混成, 先天地生。寂兮寥兮, 独立而不改, 周行而不殆, 可以为天地母。吾不知其名, 强字之曰道。"① 老子在叙述道生成万物时, 认为道不确定, 不可捉摸, 不可言说。老子用天地的概念作为自然的概念, 与天地的方式对应于人类社会的规律, 认为道生万物, 万物平等, 人与自然相统一。自然界中的一切都源于"道", 这里"天地"并不是物质的同义语, 而是自然的特定运行状态, 而只有"迎之不见其首, 随之不见其后", 具有无始无终性质的"道"才具有物质的最大规定性。

老子曰:"道大, 天大, 地大, 人大。域中有四大, 而人居其一焉。人法地, 地法天, 天法道, 道法自然。"在老子看来, 道本身既是自然也是规律, 它并不是凌驾在自然之上的超然实体, 因此它的运行和变化发展也遵循着自然规律。所谓"人法地, 地法天, 天法道, 道法自然", 其意在强调让宇宙万物, 能按照其自身的发展规律运行, 而不该妄加干涉。老子认为万物"道生之, 德育之, 物形之, 势成之"。因而为政要"道法自然", 做人须"厚德载物"。又云,"大道泛兮其可左右。万物恃之而生而不辞, 功成而名不就, 衣养万物而不为主, 常无欲"。"衣"这里是保护的意思, 养护万物而不以万物的主人、拥有者自居, 人类这样去遵循自然界的法则, 才同时体现了自然的客观规律和人类之至德。

老子提倡"无为无不为", 崇尚法自然、尚无为的生活方式。老子曰:"天之道, 不争而善胜, 不言而善应, 不召而自来, 禅然而善谋。天网恢恢,

---

① 老子.

疏而不失。"既是自然就应该自然而然,人不应该违背自然的规律。要适应环境,人应该有智慧,即"无为无不为",这不是要人们什么都不做,相反它是一种主张人们遵循自然规律行事的哲学原则。它反对违背事物的性情强为之,主张因物之性、顺物之情,在因顺事物自然性情的情境中活动。

(三)"气"与地学哲学

"气论"是中国古代独特的自然观,与西方的"原子论"相对照。它渗透到中国传统文化的各个领域,影响了中国2000多年。

"气论"是中国传统的自然观和核心观点的基础,兴起于西周。《老子》第一个将气纳入哲学范畴,《管子》提出精气概念并做了多方面的哲学规定,"凡物之精,此则为生,下生五谷,上为列星,流于天地之间,谓之鬼神,藏之胸中,谓之圣人。"① 认为精气是构成万物的最小颗粒,又是构成无限宇宙的实体。庄子在此基础上进一步发展,从而建立起庄子气论,为中国古代元气论的建立奠定了基础。庄子认为,所谓"气",它的本义和物质原型为云气,《庄子·至乐》云,"杂乎芒芴之间,变而有气,气变而有形,形变而有生"。②《庄子·则阳》云:"四时殊气,天不赐,故岁成。"③ 庄子认为,"气"是事物的构成介质,因而事物生死消长就表现为"气"的聚散动变,《庄子·在宥》说,"天气不和,地气郁结,六气不调,四时不节。"④ 庄子认为对于人,气聚为生,气散为死,如同"春秋冬夏四时行"⑤ 一样,是不可违抗的命运。

战国时期《考工记》在论述动、植物地理分布界线原因时,都说是"此地气然也"。"气"概念被诸子百家广泛使用,到了秦汉时期人们进一步以气论为基础建构了宇宙论体系。汉初的贾谊提出了形与气相互转化不息的思想。可见气以及由之化生的万物处于永无止息的变化之中。运动变化是气的固有属性,简称"气化"。气化是有其自身规律的,正如宋代气论哲学家张载所说:

---

① 管子·内业.
② 庄子·至乐.
③ 庄子·则阳.
④ 庄子·在宥.
⑤ 庄子·则阳.

"天地之气，虽聚散攻取百涂；然其为理也，顺而不妄。"① 《淮南子》说："道始于虚廓，虚廓生宇宙，宇宙生气，气有涯垠，清阳者薄靡而为天，重浊者凝滞而为地，清妙之合专易，重浊之凝竭难，故天先成而地后定。"② 即天地由元气所化，并将万物存在的风土地理条件与"土气""地气"联系起来，形成人文地理学的环境论。

我国古代第一本潮汐学方面的专著——唐朝窦叔蒙的《海涛志》是元气论论潮汐的代表作，其指出所谓元气即阴阳二气，它是天地的起源，也是潮汐产生的原因。北宋沈括用气论解释各地气候有先后的原因是"此地气之不同也"③。明代气论哲学家王廷相认为，"气者，造化之本。有浑浑者，有生生者，皆道之体也。生则有灭，故有始有终。浑然者充塞宇宙，无迹无执。不见其始，安知其终。世儒止知气化，而不知气本，皆于道远。"④ 即气是创生万物的根本，气充满整个宇宙，它不是静止不动的而是以运动变化的形式存在着，其表现就是万物的终始生灭。他说道，明代元末明初大学者叶子奇用风气、土气来解释各地风俗与人体面貌的差异，指出，"夷狄华夏之人，其俗不同者，由风气异也。状貌不同者，由土气异也。土美则人美，土恶则人恶，是谓之风土。"⑤ 元末明初著名思想家、农学家袁了凡用地气来解释土壤地理分布有差异的原因。

可见，"气论"形成了中国古代地学的哲学基础。

二、儒家思想与地学哲学

（一）"仁"与地学哲学

儒家把"仁"作为最高的道德原则、道德标准和道德境界，形成了以"仁"为核心的伦理思想结构。孟子曰："君子之于物也，爱之而弗仁；于民

---

① 正蒙·太和.
② 淮南子·天文训.
③ （宋）沈括. 梦溪笔谈.
④ 慎言·道体.
⑤ 草木子·卷二上.

也，仁之而弗亲。亲亲而仁民，仁民而爱物。"① 其体现了儒家在理解和处理人与自然关系问题上的原则立场、观点和方法的理论体系是以"仁"为核心的。

《论语·述而》中有"子钓而不纲，弋不射宿"② 的话语，意即钓鱼不要用网截住水流一网打尽，打猎射鸟时不要射鸟巢。孟子提出了"人禽之辨"的思想，认为"人之所以异于禽兽者几希，庶民去之，君子存之"③。人与动物之间的区别很小，区别之处就在于道德情感。孟子在阐述以仁治国方略时指出："不违农时，谷不可胜食也。数罟不入洿池，鱼鳖不可胜食也。斧斤以时入山林，材木不可胜用也。谷与鱼鳖不可胜食，材木不可胜用，是使民养生丧死无憾也。养生丧死无憾，王道之始也。"④

朱熹仁学思想中包含许多自然哲学思想。朱熹认为"圣贤出来抚临万物，各因其性而导之。如昆虫草木，未尝不顺其性，如取之以时，用之有节：当春生时'不妖夭，不覆巢，不杀胎；草木零落，然后入山林；獭祭鱼，然后虞人入泽梁；豺祭兽，然后田猎'。所以能使万物各得其所者，惟是先知得天地本来生生之意"⑤。朱熹又说，"仁是根，恻隐是萌芽。亲亲……仁民、爱物，便是推广到枝叶处"⑥，"天地以生物为心者也，而人物之生，又各得夫天地之心以为心者也。故语心之德，虽其总摄贯通，无所不备，然一言以蔽之，则曰仁而已矣。"⑦

周敦颐认为"天以阳生万物，地以阴成万物。生，仁也"⑧。程颢对以仁待万物的思想做了更加深入的阐发，认为："天地之大德曰生。天地絪缊，万物化醇。生之谓性。万物之生意最可观，此元者善之长也，斯所谓仁也。人与天地一

---

① 孟子·尽心上.
② 论语·述而.
③ 孟子·离娄下.
④ 孟子·梁惠王上.
⑤ 朱子语录·大学.
⑥ 朱子·仁说.
⑦ 朱熹. 晦庵集（卷六）.
⑧ 周敦颐. 通书·顺化第十一.

物也，而人特自小之，何哉？"① 又说："仁者以天地万物为一体，莫非己也。认得为己，何所不至。"② "若夫至仁，则天地为一身，而天地之间品物万形为四肢百体。夫人岂有视四肢百体而不爱者哉？"③ 人与世间万物之间的关系种种，在儒家看来，都要从"仁"出发，消除人与万物、人与自然之间的矛盾和冲突，以"仁爱"之才能实现人物和谐共生。这是古代朴素的可持续发展思想的体现，强调了保护自然资源的措施和意义，蕴含着现代可持续发展的思想。

（二）"和"与地学哲学

中国古代哲学思想中另外一个光辉的思想，便是"和"。"和"是一种人与自然平等相处的状态，是处理人与自然关系所想要达到的状态。在中国古代哲学家看来，要从根本上消除人与自然的矛盾和冲突，就要尊重自然，顺应自然，求"和"，达到人与自然的和解和谐。

"和"是儒家思想的重要内容。《中庸》说："中也者，天下之大本也；和也者，天下之达道者也。致中和，天地位，万物育。"④ 也就是说，只有做到"中和"，才能顺天应地，万物才能生生不息。孟子在儒家关于天、人关系的思想中，强调"天时、地利、人和"，又认为"天时不如地利，地利不如人和"⑤。以和谐为原则，提出了因人成事，因地制宜，因势利导，顺应自然，要求人与自然和谐发展的生态伦理观。荀子继承了儒家以"和谐"为最高原则的生态伦理思想，希望人与自然达到"万物皆得其宜，六畜皆得其长，群生皆得其命"⑥ 的最高和谐境界。

古代道家在考察万物生存状态时，提出了和合、中气以为和的思想。"和"的思想来自《周易》，其中"天地人和"的思想，是以"太和"为目

---

① 程颢，程颐. 河南程氏遗书 [M]. 王孝鱼，点校. 北京：中华书局，2004：120.
② 二程遗书（卷一上）.
③ 二程遗书（卷二上）.
④ 中庸.
⑤ 孟子·公孙丑下.
⑥ 荀子·天论.

标，以达到"首出庶物，万国咸宁"①的境界，人的行为应该适应自然，遵从自然规律，"利者，义之和也，贞者，事之干也"②。

庄子也认为人与自然应当和谐处之，认为"天地人和，礼之用，和为贵，王之道，斯之美"③，且指出："民湿寝，则腰疾偏死，鳅然乎哉？木处，则惴栗恂惧，猿猴然乎哉？三者孰知正处？民食刍豢，麋鹿食荐，蝍蛆甘带，鸱鸦耆鼠，四者孰知正味？猿猵狙以为雌，麋与鹿交，鳅与鱼游，毛嫱丽姬，人之所美也；鱼见之深入，鸟见之高飞，麋鹿见之决骤。四者孰知天下之正色哉？自我观之，仁义之端，是非之涂，樊然淆乱，吾恶能知其辨！"④ 在这里，庄子告诉人们，鳅鱼、麋鹿、猿猴各自按照自然规律生存，它们有自己存在的价值，人不能成为衡量这些动物是否存在的标尺，这些动物对于人的用处完全是人的主观意识所为，不符合自然规律。

著名汉学家李约瑟曾指出：古代中国人在整个自然界寻求秩序与和谐，并将此视为一切人类关系的理想。中国传统的儒道文化更是以"和谐"为最高原则的，并且为了追求天与人的和谐提出了"天人合一"的理想，追求自然规律和社会规律、主观和客观的高度和谐统一。

三、阴阳家思想与地学哲学

(一)"阴阳"与地学哲学

阴阳学说是中国古代人民创造的朴素的辩证唯物哲学思想，是古代的对立统一学说。"阴阳"观念与"气论"一脉相承。任何事物均可以用阴阳来划分，凡是运动着的、外向的、上升的、温热的、明亮的都属于阳；相对静止的、内守的、下降的、寒冷的、晦暗的都属于阴。阴阳学说认为：自然界任何事物或现象都包含着既相互对立又相互依存的阴阳两个方面，阴阳之间既对立

---

① 易传·乾·象.
② 易·文言.
③ 庄子.
④ 庄子·齐物论.

制约，又相互依存，并不是处于静止和不变的状态，而是始终处于不断的运动变化之中。古本中有诸多关于阴阳的记述，《吕氏春秋·大乐篇》："太一生两仪，两仪生阴阳"①。如《灵枢·阴阳系日月》中认为，"阴阳者，有名而无形。"②《素问·阴阳应象大论》中说，"阴阳者，天地之道，万物之纲纪，变化之父母，生杀之本始，神明之府也"。③

《国语·周语》记载了伯阳父第一次用阴阳二气解释地震原因，"天地之气，不失其序"，"阳伏而不能出，阴迫而不能烝"④，他认为天地之气运行有一定秩序，阴阳二气失调便产生地震。在此之后，阴阳思想在我国古代文化中得到充分的认可。《系辞》又说："一阴一阳之谓道，继之者，善也，成之成性也，百姓日用不知，故君子之道鲜矣！"⑤ 万物是由阴阳构成的，阴阳阐明了万物产生、发展衍化和转化的至理，反映了客观世界万物运动所呈现的普遍规律。《周易》卷七云"一阴一阳之为道；继之者善也，成之者性也"⑥，天地间一切事物无不有阴阳两面，阴阳正是宇宙的法则，人生之律，亦即天道和人道。"立天之道，曰阴与阳，立地之道，曰柔与刚，立人之道，曰仁与义，兼三才而两之，故《易》六通而成卦"，⑦ 这就是《易经》中的阴阳思想。老子提出"万物负阴抱阳，冲气以为和"⑧，万物皆涵括在天地之间，天地不生万物，是阴阳二气的化合产生出自然万物。《淮南子·精神训》中也说"故曰，一生二，二生三，三生万物。万物背阴而抱阳，冲气以为和"⑨。朱熹说："物之终始，莫非阴阳合散之所为，是其为物之体。"⑩ 阴阳是事物内部对立统一的两面，二者相互依存，相互制衡，孤阴不生，独阳不长，阴阳消长而万物

① 冯友兰. 中国哲学史（上）[M]. 重庆：重庆出版社，2009：311.
② 灵枢·阴阳系日月.
③ 素问·阴阳应象大论.
④ 国语·周语上.
⑤ 周易·系辞.
⑥ 冯友兰. 中国哲学史（上）[M]. 重庆：重庆出版社，2009：312.
⑦ 易·说卦.
⑧ 老子·第四十二章.
⑨ 冯友兰. 中国哲学史（上）[M]. 重庆：重庆出版社，2009：324.
⑩ 朱熹. 中庸章句.

化生。

我国传统阴阳观念的产生，实际上就是通过对地理环境变化情况的一种规律总结。八卦是中国古代的基本哲学概念，八卦是以阴阳符号反映客观现象。八卦表示事物自身变化的阴阳系统，用"—"代表阳，用"－－"代表阴，用这两种符号，按照大自然的阴阳变化平行组合，组成八种不同形式，叫作八卦。《易·系辞》曰："易有太极，是生两仪。两仪生四象，四象生八卦。"①即所谓"太极生两仪，两仪生四象，四象演八卦，八八六十四卦"，此为伏羲八卦，也叫先天八卦，乾、坤、震、巽、坎、离、艮、兑，象征天、地、雷、风、水、火、山、泽八种自然现象，以推测自然和社会的变化。阴阳家认为阴、阳两种势力的相互作用是产生万物的根源，乾、坤两卦则在"八卦"中占有特别重要的地位。宇宙万物因时因地的阴阳、刚柔、静动，复杂而简单，矛盾又统一，对立又和谐，相对相依，如自然方面天（乾）、地（坤）、雷（震）、火（离）、风（巽）、泽（兑）、水（坎）、山（艮）；如观念方面道器、有无、虚实、同异、始终、是非、善恶、美丑、祸福、得失、刚柔、进退、屈伸、方圆等，正确地象征了宇宙间的一切事物都是对立统一的运动的客观规律。通过研究古人对卦象的解释可以看出，他们当时对事物凶吉的预测大多是建立在通过观察自然规律的基础上对一些自然现象做出的正确解释和合理推断，具有一定的科学性。

冯友兰言"《尚书》中之《洪范》，《吕氏春秋》及《礼记》中之《月令》，不知为何人所作，要之皆战国阴阳五行家之言也"②。说明阴阳家在地理天文方面理论深厚，有诸多造诣，阴阳学说还在地理上有所应用。阴阳观念变成认识万物的关系或模式，阐释了以道为核心的二元论思想。在人地关系中，两者相互依存，缺一不可，否则不能构成人地关系。自人类诞生出现人地关系这对矛盾之后，"人"与"地"无时无刻不留下相互的影响痕迹，这就是所说的"阴中之阳，阳中之阴"。"人"与"地"相互对立、相互统一。所谓"阴

---

① 易·系辞.
② 冯友兰. 中国哲学史（上）[M]. 重庆：重庆出版社，2009：135.

极生阳""阳极生阴"，就是说任何事物，不管哪一方面，过度之后都会走向反面，引起恶劣后果，因此要注重适度，注重达到事物之间的平衡，以协调阴阳，达到"阴阳和谐"，"人"与"地"相互适应，相互协调，和谐平衡，持续发展。在西方科学体系中，强调的是人对大自然的改造，人和自然被对立起来了，而在中国古代，由于古人有阴阳整体宇宙观的指引，认为人与地、人与自然、人与宇宙相互对立又相互和谐。

（二）"五行"与地学哲学

五行，是指木、火、土、金、水五种构成物质的基本元素，而从地学上来说，这五种形态同样是地学研究过程中的内容之一。中国古代哲学家用五行理论来说明世界万物的形成及其相互关系。五行学说是集哲学、占卜算命、历法、中医学、社会学等诸多学科于一身的理论，它强调整体概念，旨在描述事物的运动形式以及转化关系，是原始的普通系统论。

五行学说最早出现在黄老、道家学说中。五行最早见于《尚书·洪范》所载："五行：一曰水，二曰火，三曰木，四曰金，五曰土。水曰润下，火曰炎上，木曰曲直，金曰从革，土爰稼穑。润下作咸，炎上作苦，曲直作酸，从革作辛，稼穑作甘。"① 这里不但将宇宙万物进行了分类，而且对每类的性质与特征都做了界定。邹衍之说，认为"五德无所不胜，虞土，夏木，殷金，周火"②。中国哲学史认为，"邹衍对于历史之意见如此，对于地理之意见，则有大九州之说，竭尽想象之能事，宜'其游诸侯见尊礼'也。"③ 肯定了邹衍对于五行学说所做出的贡献，并说明阴阳五行家与地理之间千丝万缕的联系。

战国时期，五行思想发展到新的高度，古人认为事物之间是可以相互转换、相互克制的，又创造了五行相生相克理论。相生，是指两类属性不同的事物之间存在相互帮助、相互促进的关系，具体为：木生火，火生土，土生金，金生水，水生木。相克，则与相生相反，是指两类属性不同事物间是相互克制

① 尚书·洪范.
② 冯友兰. 中国哲学史（上）[M]. 重庆：重庆出版社，2009：135.
③ 冯友兰. 中国哲学史（上）[M]. 重庆：重庆出版社，2009：135.

的，具体为：木克土，土克水，水克火，火克金，金克木。用相生相克的自然规律解释世间万物的衍生和发展。"五行论"认为这五类物质的综合体就是自然界，也就是地理环境。五类物质之间相生相克的变化是地理环境五大一级要素系统（岩石圈、生物圈、水圈、大气圈、土壤圈）之间的变化，人地关系就是人类与"金、木、水、火、土"五大类物质要素系统之间的变化关系。

五行，也就是五德，有其盛衰，天道人事，皆受其支配。西汉董仲舒糅合道家、阴阳五行家的一些思想改造儒家思想，优化了五行学说，而在《左传》《黄帝内经》等作品中，则更为倾向于五行的实际应用。"五行"中内含的地学哲学思想就是天道人事互相影响，因此在探究协调人地关系时，不仅要关注"人"的变化，而且还要关注地理环境的变化，更要关注地理环境各部分的变化。只有这样才能把握人地关系在发展演变过程中的规律，更好地协调人与地理环境的关系，促进其可持续发展。

(三) 风水与地学哲学

风水是中国历史悠久的一门玄术，本为相地之术，即临场校察地理的方法，亦是一种研究环境与宇宙规律的哲学，也称青乌、青囊、堪舆术、地相。晋葛洪《抱朴子·极言》："黄帝相地理，则书青乌之说。"[1]《后汉书·循吏传·王景》："乃参纪众家数术文书，冢宅禁忌，堪舆日相之属。"唐李贤注："葬送造宅之法，若黄帝、青乌之书也。"[2] 中国古代的地理学一般都被称作"舆地之学""方舆之学"，《史记》将堪舆家与五行家并行，本有仰观天象、俯察地理之意，后世以之专称看风水的人为"堪舆家"，故堪舆在民间亦称为风水。

比较完善的风水理论起源于战国时代。风水的核心思想是人与大自然的和谐，早期的风水主要关乎宫殿、住宅、村落、墓地的选址、座向、建设等方法及原则，为选择合适的地方的一门学问。风水蕴含着丰富而又深奥的哲学思

---

① 抱朴子·极言.

② 姜同绚，毛远明. 唐代墓志五篇误读考证 [J]. 古籍整理研究学刊，2013 (3)：96－99.

辨，并随着时代变迁逐渐同社会生产生活相结合演变成了一种民俗习惯，成为中国传统文化的重要内容。

1. 风水与地理

风水与地理之间有着密切的联系。"地理"一词出自春秋战国时期，最早见于《周易·系辞》。先秦时期的地理多有天时地利或天道地道之义，汉代逐渐演变为对山川、河流、大地及其地貌形态的描述，《汉书·郊祀志》："三光，天文也；山川，地理也。"① 唐宋以后大量风水书冠以地理名称，见载于《宋史·艺文志》，因此风水又称为地理或地学，风水师也称为地理家或地师。古人十分重视风水与地理之间的联系，认为"人事必将与天地相参，然后乃可以成功"②。风水文献中有大量的地理学内容，古人就把"地理"作为风水文献的书名，如《大唐地理经》《五音地理经》等，甚至直接把风水先生称作地师、地理家。

晋代郭璞有云："葬者，乘生气也，气乘风则散，界水则止，古人聚之使不散，行之使有止，故谓之风水，风水之法，得水为上，藏风次之。"③ 这是历史上最早的关于风水的定义，意为用风和水来构建能够藏风聚气的理想环境。黄妙应在风水经《博山篇》中说，"寻龙认气，认气尝水。其色碧，其味甘，其色香，主上贵。其色白，其味清，其味温，主中贵。其色淡、其味辛、其气烈，主下贵。苦酸涩，若发馒，不足论。"④《堪舆漫兴》论水之善恶云："清涟甘美味非常，此谓喜泉龙脉长。春不盈兮秋不涸，于此最好觅佳藏。"⑤ 此都体现出地理与风水之间的密切联系，可以说，地理是风水的基础。

地理对风水的影响主要是由于地理环境对人的居住环境有着深远的影响。大范围之内的地形地貌对区域内理想生态小环境形成有着重要的影响，山脉的走向、高度都对一个区域的气候、光照、降水产生影响；在小区域内，周围的建筑等也对房屋的采光、通风、排水等产生影响，房屋前如有大的建筑物或是

---

① 汉书·郊祀志.
② 国语.
③ 郭璞. 葬书 [M].
④ 黄妙应. 博山篇 [M].
⑤ （明）刘基. 堪舆漫兴 [M].

长长的走廊，很有可能产生风水学中所指的"暗箭煞"，如果房前屋后左右有高耸的铁柱，会在风水上形成压迫感，即形成所谓的"天箭煞"。古人在进行风水堪舆的时候有这样的步骤：觅龙、察砂、观水、点穴、取向，即第一对山脉整体走势进行判断，从地理大环境把握住方向；第二对周围环境的群山进行考察，了解区域内的局部小环境；第三"观水"，对区域内水流河道形式、水质好坏进行检验；第四"点穴"，即根据觅龙观水的结果，在区域内选定具体位置；第五"取向"，对选定的位置确定其合适的朝向。《阳宅十书》认为，"凡宅，左有流水谓之青龙，右有长道谓之白虎，前有污池谓之朱雀，后有丘陵山岗谓之玄武，为最贵之地"。① 此即为四方灵位说"左青龙，右白虎，前朱雀，后玄武"。风水理论认为，房屋与周围的环境是点和面的关系，点即局部，面即整体，只有点和面和谐，才能使人得到"天地灵气"。

2. 风水与哲学

古代哲学思想深深影响着风水，与风水相结合，成为风水理论的哲学基础。

《周易》中的朴素的自然哲学观也是中国古代风水论的基础理论，主要是强调自然与人的互动关系。阴阳观念和五行学说对于万物本源的诠释有重要影响，风水吸收了阴阳消长、五行相生相克的思想，完善了风水的理论体系。如清末何光廷在《地学指正》中云："平阳原不畏风，然有阴阳之别，向东向南所受者温风、暖风、谓之阳风，则无妨。向西向北所受者凉风、寒风、谓之阴风，宜有近案遮拦，否则风吹骨寒，主家道败衰丁稀。"② 这就是说，坐北朝南原则是对自然现象的正确认识，顺应天道，得山川之灵气，受日月之光华，颐养身体，陶冶情操，地灵方出人杰。由于周易八卦思想强调对事物发展的预测性，很快便与风水结合起来，也正是伴随八卦引入的卜巫的方法和吉凶观念，使得风水越来越玄妙。五行八卦阵就是风水之源，所以风水又名"八卦风水"，风水讲的就是八卦的五行相生相克、阴阳平衡，要学习风水，就要从

① （明）王君荣.阳宅十书［M］.
② （清末）何光廷.地学指正［M］.

学习易经八卦入手。

古代中国哲学中"中"的意识也对风水有较大影响。"中"对于古代先民来讲是他们理解宇宙的一种方式，同时慢慢变成了一种宇宙意识。古人择居都有朝向中心的意识，《周礼·地官大司徒》"正日景，以求地中。日南则景短，多暑；日北则景长，多寒；日东则景夕，多风；日西则景朝，多阴。日至之景，尺有五寸，谓之地中，天地之所合也，四时之所交也，风雨之所会也，阴阳之所和也。然则百物阜安，乃建王国焉，制其畿方千里而封树之。"① 就是说，"建王国"必须在"地中"，它是天地所合、四时所交、风雨所会、阴阳所和的地方。"中"的思想体现了"平衡""和谐"，强调的是"天人合一"的理想状态，意为人与自然的协调相处。再如，风水讲究：宅前之地，不可太宽，宽则空旷，不"藏风聚气"；也不可太窄，窄则局促，且围合过度，故"生气"不入总之要做到"中庸"为好。② 总之，要求房屋在构建形状、构筑结构、整体布局、色调等的问题，能尽量与房屋周围的整体环境相协调，最后达到与自然相互协调统一。

如前所述，"气"在古代哲学中被视为天地万物的本源和最基本的构成单元。风水形气论中说"宇宙有大关合，气运为主；山川有真性情，气势为先"。"气"是风水的核心，张载的《正蒙太和》中写道："气聚则离明得施而有形，气不聚则离明不得施而无形。"③ "藏风聚气、负阴抱阳、枕山伴水"是具有合理性和科学性的，老子在《道德经》提出："万物负阴抱阳，冲气以为和。"④ "负阴抱阳"与"背山面水"是生命对阳光的需求、选择和向往，是风水理论中的重要法则，依山傍水不仅是出于获得良好的环境风景体验目的，更是由于风水中有靠山安稳、近水清灵的说法。即所谓负阴抱阳就是指基址北面有一山作为靠山，靠山后面还有山系，即所谓"后龙"。气论认为，环山抱水是阴阳风水好的宏观地理条件，此外还必须是气、光、山、水方位齐备，其

---

① 周礼，地官司徒第二——大司徒．
② 贾凤梅．室内小生境的构筑研究［D］．沈阳：东北师范大学，2007：3．
③ 张载．正蒙太和．
④ 老子·第四十二章．

中，气是阴阳风水学中最重要的决定性因素，因为事物的兴衰都是气在起主导作用。同时，气的概念还有环境容量意义，在《阳宅集成》中有"龙气大则结都会省郡，气小则结县邑市村"①，由此可知，气大的地方环境的承载力强，环境容量大，能够满足修建都城的基本地理环境条件，反之就只能修建小村庄。

四、"天人合一"思想中的地学哲学

"天人合一"是中国古代哲学所追求的最高人生境界，也是中国古代处理人地关系的最高准则，蕴含着深刻的地学哲学思想。在中国古代哲学家看来，"天"不是抽象的超自然存在，而是自然界本身。"天人合一"思想将大自然与人相类比，解释了各类地理现象。

《管子·水地篇》中，管子揭示了"水"就是万物本原的道理。管子认为，"人，水也。""水者地之血气，如筋脉之通流者也"②。这里所描述的生命与水地的关系，就揭示了人与自然共生共存、相依相存的关系。三国时期的《杨泉物理论》中说："土精为石，石，气之核也。气之生石，犹人筋络之生爪牙也。"③ 西晋张华所著的中国第一部博物学著作《博物志》认为，"地以名山为辅佐，石为之骨，川为之脉，草木为之毛，土为之肉"④。这就从人体与自然的关系上阐明了天人合一的思想。《周易》"天行健，君子以自强不息……地势坤，君子以厚德载物"⑤。《周易》认为，把天地乾坤看作与人类相依存的庇护者，人与天地、自然的关系是高度统一的。

儒家对人与自然的关系问题有着深刻的关切，儒家思想中，人与自然的关系所能达到的最高境界是"天人合一"，从孔子的天命观到宋明理学中的"天理"观，处处闪烁着朴素的地学哲学智慧。在儒家的思想体系里，"天人合一"既是一种人的精神境界，也是人与自然关系的最高境界。儒家认为，人

---

① （清）姚廷銮. 阳宅集成.
② 管子·水地篇.
③ （唐）徐坚. 初学记（卷五），地理上，石第九.
④ （西晋）张华. 博物志.
⑤ 周易·大象.

类与自然万物相依相存，人类存在与自然存在达到内在的统一状态，人和万物归于天地，与天地融为一体，即"天人合一"。"天"创造了自然万物，也蕴含着四时运行、万物生长的规律。孔子在《论语·阳货篇》中认为："天何言哉，四时行焉，百物生焉，天何言哉！"① 孔子认为，四季变化，万物生长，都是自然规律，都在按照自己的规律生长着，《序卦传》中提到"有天地然后有万物，有万物然后有男女"②，表明先有了自然界，再有了人类，人类是以自然界为依托的。荀子在《天论》中说："列星随旋，日月递炤，四时代御，阴阳大化，风雨博施，万物各得其和以生，各得其养以成，莫知其所以成，夫是之谓天。"③ 又云"天行有常，不为尧存，不为桀亡"④，表现了荀子认为自然界有自己的规律，并且不以人的意志为转移，尊重自然客观规律的思想，具有朴素的唯物主义思想。张载明确提出了"天人合一"和"民胞物与"的思想，《西铭》有曰："乾称父，坤称母。予兹藐焉，乃浑然中处。故天地之塞，吾其体；天地之帅，吾其性。民吾同胞，物吾与也。"⑤ 表明人是自然界之中的一个个体，有了天地才有了人，万物与人都是自然界的一部分。到了西汉董仲舒提出"独尊儒术"之际，第一次明确提出天与人"合二为一"的观点。《春秋繁露·立元神》云："天地人，万物之本也。天生之，地养之，人成之。天生之以孝悌，地养之以衣食，人成之以礼乐。三者相为手足，合以成体，不可一无也。"⑥ 在此，已经流露出天地人浑然一体的倾向。张载认为"儒者因明致诚，因诚致明，故天人合一"⑦。周敦颐也是宋明理学的代表人物之一，在他们的宇宙图式中，最高哲学范畴是"天理"，程颢、程颐认为"万物各有成性存在，亦是生生不已之意，天只是以生为道"⑧，天理直接表现为"生"，

① 论语·阳货篇.
② 易经·序卦传·杂卦传.
③ 荀子.天论.
④ 荀子.天论.
⑤ （北宋）张载.西铭.
⑥ （西汉）董仲舒.春秋繁露·立元神.
⑦ （北宋）张载.正蒙·乾称.
⑧ 程颢，程颐.二程集[M].北京：中华书局，1981：29-30.

"生"是宇宙的本体，"仁者以天地万物为一体"①，体现了儒家朴素的唯物主义思想及地学哲学倾向。

道家学说中也十分推崇"天人合一"思想，道家的"天人合一"与儒家的"天人合一"思想差别在于，道家崇尚的是天人合一之中的"无我境界"，是身心天地完全相融直至无我，正所谓"万物一齐""天地与我并生，而万物与我为一"②。宇宙、人身本为一体，天地、精神自然相融，这些观点都是《易经》中宇宙观的进一步发展，《淮南子·原道》提出："天下之要，不在于彼，而在于我；不在于人，而在于身。身得则万物备矣……夫天下者，亦吾有也，吾亦天下之有也。天下之与我，岂有间哉！夫有天下者，岂必操杀生之柄而以行其号令邪？吾所谓有天下者，非谓此也，自得而已。自得，则天下亦得我矣，吾与天下相得，则常相有，己又焉有不得容其间者乎！所谓自得者，全其身者也。全其身，则与道为一矣。"③ 在这里，是说我们所说的拥有了天下，其实并不是真的拥有了天下，而是因为内心"自得"，达到了"道"，因此达到了天人合一，而不是说拥有统治天下万物的权力便拥有了天下。这里带有鲜明的唯心主义色彩。庄子认为，"天地有大美而不言，四时有明法而不议，万物有成理而不说。圣人者，原天地之美而达万物之理，是故至人无为，大圣不作，观于天地之谓也。"④ 庄子的意思是明白了天地以"无为"为规律，也就把握了道的根本，遵从道的规律从而达到与人和谐、与天和谐的境界。杜道坚认为修持九守，就能"守大浑之朴，游天地之根，同乎大通"⑤，达到无我的境界，因为无我，也就无物，千变万化而没有终极。通玄真人亦称："化者复归于无形也，不化者与天地俱生也。故生者未尝生，其所生者即生；化化者未尝化，其所化者即化。"⑥ 化、生二字表征着生命转化的动态流程，在道家看来，"天人合一"便是"与天地俱生"。

① 陈都. 儒家"和合"思想对构建和谐社会的指导意义 [J]. 鸡西大学学报，2008（4）：19－21.
② 庄子·齐物论.
③ （西汉）淮南子（卷一）原道训.
④ （战国）庄子·知北游.
⑤ 道藏 [M]. 文物出版社、上海书店、天津古籍出版社，1988：772.
⑥ （战国）文子·十守.

　　"人与自然的和谐统一"，从物质存在状态上看，体现宇宙物质系统演化的内在平衡，也是人类自身可持续发展和良性生存的客观基础；同时，人类必须在认识自然并且在遵循自然规律的前提下做出自己的发展选择，从而表明人类的发展观是真理与价值的统一。

第三章 地学哲学的经济价值

第一节 地学哲学与循环经济

一、地学哲学在循环经济中的应用

（一）循环经济概述

1. 循环经济的基本认知

"循环经济"一词，是由美国经济学家 K. 波尔丁在 20 世纪 60 年代提出的，是指在人、自然资源和科学技术的大系统内，在资源投入、企业生产、产品消费及其废弃的全过程中，把传统的依赖资源消耗的线形增长的经济，转变为依靠生态型资源循环来发展的经济。

传统经济与循环经济的不同之处在于：传统经济是一种由"资源—产品—污染排放"所构成的物质单向流动的经济；而循环经济倡导的是一种建立在物质不断循环利用基础上的经济发展模式，它要求经济活动按照自然生态系统的模式，组织成一个"资源—产品—再生资源"的物质反复循环流动的过程，其特征是自然资源的低投入、高利用和废弃物的低排放，能从根本上消解长期以来环境与发展之间的尖锐冲突。

简言之，循环经济是按照生态规律利用自然资源和环境容量，实现经济活动的生态化转向的经济类型。

2. 循环经济是一种新的发展思想

循环经济思想的提出，是在全球人口剧增、资源短缺、环境污染和生态退化的严峻形势下，人类重新认识自然界、尊重客观规律、探索经济规律的产物。它是一种新的系统观：循环是指在一定系统内的运动过程，由人、自然资源和科学技术等要素构成的大系统。是一种新的经济观：要求运用生态学规律，而不是仅仅沿用 19 世纪以来机械工程学的规律来指导经济活动，不仅要考虑工程承载能力，还要考虑生态承载能力。是一种新的价值观：在考虑自然时，将自然作为人类赖以生存的基础，是需要维持良性循环的生态系统。在考虑科学技术时，不仅要考虑到其对自然的开发能力，而且要充分考虑到它对生态系统的修复能力，使之成为有益于环境的技术；在考虑人自身发展时，不仅考虑人对自然的征服能力，而且更重视人与自然和谐相处的能力，促进人的全面发展。是一种新的生产观：其生产观念是要充分考虑自然生态系统的承载能力，在生产过程中，要求遵循"3R"原则：资源利用的减量化（Reduce）原则，即在生产的投入端尽可能少地输入自然资源；产品的再使用（Reuse）原则，即尽可能延长产品的使用周期，并在多种场合使用；废弃物的再循环（Recycle）原则，即最大限度地减少废弃物排放，力争做到排放的无害化，实现资源再循环。是一种新的消费观：提倡物质的适度消费、层次消费，在消费的同时就考虑到废弃物的资源化，建立循环生产和消费的观念。

（二）地学哲学在循环经济中的应用

1. 认清我国资源形势是发展循环经济的现实依据

我国本来就是一个人均资源相对贫乏的发展中大国。然而，近年来，当众多仁人志士为中国经济连年高速增长激奋不已时，又总有一个梦魇挥之不去，那就是对资源和环境的无情毁坏及其引发的中国经济增长到底能够持续多久的深切忧虑——原来，在持续多年的经济高增长率的奇迹背后，是触目惊心的高能耗、高物耗和对环境的高损害：我国每万元 GDP 能耗与世界平均水平相比，竟然高出 2.4 倍，2003 年我国煤炭消耗量已占世界煤炭消耗总量的 30%，但创造的 GDP 达不到世界总产值的 4%，单位 GDP 的金属消耗量是世界平均水平的 2 ~ 4 倍。另外，环境严重破坏问题也明显制约和损害着中国经济持续增长的能力。现今，我国每增加单位 GDP 的废水排放量要比发达国家高出 4 倍，单位工业产值产生的固体废弃物要高出 10 倍以上。20 世纪 90 年代中期，我国每年由生态和环境破坏带来的损失占 GDP 的 8% 以上。为此，我国务必打破世界上屡屡出现的"怪圈"——人均收入在 1000 美元至 3000 美元的经济增长阶段，资源和环境的约束导致经济滞缓甚至负增长的状况。为了确保我国资源能源安全和国民经济运行安全，必须转换发展路径和模式，及时采用物尽其用、资源再使用和再循环的循环经济发展模式。

2. 运用辩证唯物主义观点正确处理资源与循环经济发展的关系

我们应该清醒地看到，我国的资源勘查开发还远不适应现代化建设的要求，资源形势日趋严峻，地质开发工作又遇到了市场疲软、资金相对不足、人员素质有待提高等问题，为了缓解我国资源的相对不足，需要对一些问题进行新的思考和认识，处理好资源相对不足与经济发展的关系。

一是物质文明建设与精神文明建设的关系。"两个文明"一起抓是中国特色社会主义现代化建设的一条重要历史经验。地质工作为什么做、怎么做、谁来做，这是地质工作基本的哲学问题。在这个问题上，地质事业建设也坚持"两个文明"一起抓的方针。地质事业的一条经验是，地质经济工作遇到的困难和难题往往与地质队伍的精神文明建设有关。因此除了寻找物质文明建设本身遇到的问题之外，我们还坚持从主观层面寻找问题的原因。地学哲学研究启示，保持和发扬地质队伍的优良传统，开展"以献身地质事业为荣、以艰苦奋斗为荣、以找矿立功为荣"的"三光荣"精神教育，培养一支政治上可靠、能艰苦奋斗、善打硬仗的队伍，是突破经济难题的可靠保障；二是处理好改革和发展的关系，坚持改革和发展相结合的方针。特别是要重视原有体制中的"大锅饭"的问题、资金渠道过于狭隘的问题、经营体制缺乏活力的问题等，综合运用经济、行政、法规、政策等配套手段，在全国经济社会系统坚持推行绿色 GDP 核算体系，建立与健全"政府主导、企业主体、公众参与、法律规范、市场推进、政策扶持、科技支撑"的运行机制和利导机制；三是要处理好自主经营与国家需要的关系。随着市场经济体制的完善到位，市场在资源配置中的决定性作用，使得越来越多的企业关注市场的需要，跟着市场的指挥棒走，这是企业进步的标志，也是企业生存的基本。但是企业在发展中，也要特别关注国家的发展需要，尤其是今天倡导的发展创新型企业，这是企业发展的必由之路，也是中国特色社会主义现代化建设的核心之路。对此地矿企业要清醒地认识到，发展循环经济的必由之路就是要创新、创新、再创新，唯有遵循这个方针和要求进行改革和规划，才能跟上国家发展的步伐，始终与国家发展同步；四是要处理好独立自主与争取外援的关系。毛泽东在新中国成立伊始就为我们制定了"独立自主"的社会主义建设方针，这也是我国近70年社会主义建设的一个根本法宝。我国地矿经济工作的发展同样也要遵循这个方针搞建设。随着国民经济的持续高速发展，中国的大宗矿产品对外依存度不断升高，如铁矿、精铜矿、原油的对外依存度已经超过50%，严重威胁到国家安全。为了破解这个难题，国土资源部于2011年适时地推出了《找矿突破战略行动纲要（2011—2020）》，提出了"3年时间实现地质找矿重大进展，5年实现地质找矿重大突破，8～10年重塑矿产勘查开发格局"的战略目标。这个战略目标正是眼睛向内看、坚持自力更生破解资源困境的重要决策。

二、矿产循环经济的哲学思想

（一）推动经济循环发展是人地发展规律的必然要求

1. 从资源实际出发是转变经济发展方式的依据

地大物博是对中国资源丰富的一种描述。但是我国矿产资源的真实面貌不是我们想象的"地大物博"，而是"相对匮乏"，有的还是"极其匮乏"。总的来说，我国矿产资源呈现出以下特点：一是贫矿多、富矿少。铁、铜、锰、铝、磷等国民经济紧缺矿产的贫矿比例分别是97.5%、64.1%、93.6%、98%、93%，其探明储量的平均品位不及世界平均品位的一半；二是难选矿多，易选矿少。由于其共伴生元素赋存状态的复杂性，这些矿产难以用传统的选矿方法加以采集利用，对新技术依赖性相当高；三是共生矿多、单一矿少。我国有色金属矿的85%以上是综合矿。例如，我国的共伴生铁矿约占总储量的31%；我国900多个铜矿中，共伴生矿占72.9%等，致使选冶成本大增，综合利用程度低，资源储量大打折扣。四是在矿产资源供需形势严峻的情况下，矿产资源浪费惊人，综合利用率极低。我国矿产资源的综合回收率平均不超过50%，综合利用率约为20%。目前我国共伴生组分综合回收率在40%~70%的国有矿山企业不足40%。有色金属矿产资源综合回收率为35%，黑色金属矿产资源综合回收率仅为30%，比发达国家低20个百分点。我国现有2000多座矿山尾矿库存尾矿约50亿吨，每年新增排放固体废弃物3亿吨，而平均利用率只有8.2%。目前我国国有矿山完全没有进行综合利用的占45%，全国20多万个集体个体矿山基本上不搞综合利用。根据我国的国情，我们应该比世界上其他任何大国更加珍惜矿产资源，更加严格地保护和合理利用、综合利用矿产资源，这是我们的根本出路。

在我国，大力发展以资源高效利用与循环利用为核心的循环经济和清洁生产，是从"大量生产、大量消费、大量废弃"的粗放型传统增长模式向资源、环境与经济、社会可持续发展的集约型增长模式转型的根本变革，是贯彻创新、协调、绿色、开放、共享的发展理念的本质要求，是坚持走科技含量高、经济效益好、资源消耗低、环境污染少、人力资源优势得到充分发挥的新型工业化道路的必然选择，是建设资源节约型、环境友好型、生态优化型社会和构建社会主义和谐社会的迫切需要。发展循环经济是一项极为复杂的经济社会系统工程，涉及工业与农业的生态化、城市与乡村众多行业与产业的广泛参与，囊括企业清洁生产小循环、区域工业园区生态产业链组合的中循环、社会—国家经济运行的大循环三大层次。

2. 人地发展规律是循环经济的根本之道

人地发展规律，即人类进化、社会进步的过程，是人类对地球资源与自然环境了解、占有、利用和合理改造的增长过程，否则就是退化和退步过程的规律。在认清我国资源形势和利用的形势，当前和今后一个时期的主要任务，便是综合开发利用资源，只有如此才能发展循环经济。

我国发展循环经济务必重点抓好以资源集约利用为中心的五大环节：一是在资源开采环节，要大力提高资源开发和回收利用率——统筹规划矿产资源开发工作，加强共生、伴生矿产资源的综合开发和利用，真正实现综合勘查、综合开发、综合利用；强化资源开采管理，健全资源勘查开发准入条件，改进资源开发利用方式，实现资源的保护性开发；积极推进矿产资源深加工技术的研发，提高产品附加值，实现矿业的优化和升级；开发并完善适合我国矿产资源特点的采、选、冶工艺，提高回采率和综合回收率，降低采矿贫化率，延长矿山寿命；大力推进尾矿、废石的综合利用；二是在资源消耗环节，要大力提高资源利用效率——加强对工业重点行业的原材料、能源、水等资源消耗管理，实现能量的梯级利用、资源的高效利用和循环利用，努力提高资源的产出效益；三是在废弃物产生环节，要大力开展资源综合利用——加强对冶金、有色、电力、煤炭、石化、建材等废弃物产生量大、污染重的工业重点行业的管理，提高废渣、废水、废气的综合利用率；综合利用各种建筑废弃物及农业废弃物，积极发展生物质能源，推广沼气工程，大力发展生态农业；推动不同行业通过产业链的延伸和耦合，实现废弃物的循环利用；加快城市生活污水再生利用设施建设和垃圾资源化利用；四是在再生资源产生环节，要大力回收和循环利用各种废旧资源——建立垃圾分类收集和分选系统，不断完善再生资源回收、加工、利用体系；充分利用国内国际两个市场、两种资源，积极发展资源再生产业的国际贸易；五是在社会消费环节，要大力提倡绿色消费——树立可持续的消费观，提倡健康文明、有利于保护环境和节约资源（节材、节矿、节能、节水、节电、节地、节粮、垃圾回收利用）的生活方式与消费方式，鼓励使用绿色产品，引导每个公民自觉为建设资源节约型社会、循环型社会多做贡献。

（二）思维方式转变与可循环利用的再生资源开发利用

通过数十年的开采利用，我国有大量矿山面临"资源枯竭"的局面。新中国成立以来到 21 世纪初，我国在开采和利用矿产资源的同时，产生了大量的废弃物：开采铁矿石的同时，剥离、开拓的废石总量至少为 162.5 亿吨；尾矿的推算总量，估计至少也在 20 亿吨左右；废渣堆存量 10 亿吨左右。废弃物的年增长数量：2004 年，废石年产量在 7.5 亿吨左右；2003 年，尾矿产量为

1.63 亿吨，废渣产量至少也在 9000 万吨左右。铁矿资源在开采过程中，产生了大量的废弃物，不仅占用了大量的土地，而且对生态环境造成了严重的污染和破坏，尤其是一些老矿山在资源枯竭后留下的大量矿坑、废石、尾矿、矿渣等犹如一块块疮疤，遍布山野，破坏自然景观，令人触目惊心，特别是一些尾矿堆存在尾矿库或排入河道、沟谷、低洼地，粉尘弥漫污染大气和河流，给人类带来了灾难。

但是，在近年来的深化找矿工作中，许多"危机矿山"焕发了青春，重新具备了提供巨量矿石的潜力。这些矿山摘掉了"危机矿山"的帽子，与思维方式的转变密不可分。以赫维特投资效益为例（见图 1）。

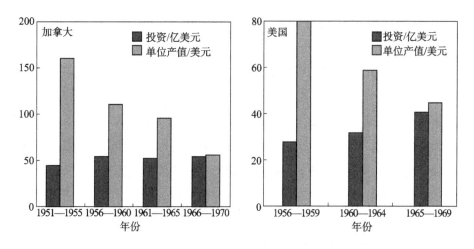

图 1 赫维特投资效益

可以看到，随着资金的投入，单位产值并没有随之增加；相反，还呈现出下降的趋势。由此可以得出结论就是资金的增长并不是推动产值增加的唯一要素，而此时正是转变思维方向和思维范式的重要时机。对中国"危机矿山"的认识也是如此，地矿工作者在对它们进行哲学层面的系统认识后，揭示了找矿突破的深层原因。不仅如此，我国与矿产资源相关的企业，近年来也纷纷转变生产方式，开展对废渣的治理，加大对矿产废弃物的再生利用，并取得了显著的成效。

(三) 人地反馈规律与资源和再生资源的可循环开发利用

人地反馈规律是指人类在利用地球资源和生产过程中对资源与环境产生的影响，存在着正反馈和负反馈的现象：和谐地与自然相处，树立绿水青山就是金山银山的理念，充分保护自然的资源与生态系统，人类得到良好的自然回报，这就是正反馈；反之，则受到惩罚，如同恩格斯所说"我们不要过分陶醉于我们人类对自然界的胜利。对于每一次这样的胜利，自然界都对我们进行报复"，恩格斯强调的是人类活动对自然的极大破坏导致人类自己也深受这种破坏之害。这就是人地关系的负反馈，需要我们调整经济发展的思路，按照循环经济理论的要求，做好以下几个方面的工作。

1. 实现废弃物的减量化

自然资源大多具有多种用途，如矿产资源中的共生矿、伴生矿，只有经过勘查、开发、综合加工，才能提高资源的综合利用率，做到物尽其用。如果单一开发利用，就是对资源的巨大浪费。过去几十年，由于综合利用技术突飞猛进，使难以利用的矿产变成了可以利用的资源。例如，攀枝花钒钛磁铁矿，由于解决了选钛技术和提钒技术一跃而成为世界上著名的铁钒钛资源基地。白云鄂博铁矿，除铁矿而外，还含有铌、稀土等几十种金属元素，稀土元素居世界第一位，现已建成国家重要的战略资源基地。据报道，鞍钢通过改造选矿工艺，开展"提铁降硅"攻关，实现高炉入矿品位比以前提高 2.5 个百分点，而提高一个百分点就可以减少一吨铁/30 ~ 40 千克的渣产量和一半的除尘灰。由于反循环技术和高梯度磁选技术的突破，使我国赤（红）铁矿成为可以利用的资源。

开采回采率是考核一座矿山资源利用率最重要的经济技术指标，它的高低直接反映了矿山开采和管理的水平。由于受暂时的利益驱动，在一部分矿山企业中，采富弃贫、采厚弃薄、采易弃难，甚至乱挖滥采、破坏资源的现象还是严重存在的。加强对现有资源的开发利用和管理工作，不仅可以增多新的可供利用的资源，还可以减少废弃物排放，达到减量化的有效目的。

2. 将废弃物转化为再生资源

废石的开发利用。在调查研究的基础上，确定其是否尚有可供开发利用的主要组分和伴生组分，有无可以利用的围岩如石灰石、薪土等原料，在经济合理的条件下，尽可能加以回收利用。即使无回收价值，也可以当作露天矿、坑内矿坑的回填料，或作为碎石修建公路、铁路路基，使矿坑复垦、复林、复草，保持生态平衡。

尾矿的开发利用。学者们提出要重视尾矿有用物质的研究，例如，湖北大冶铜绿山铜矿采用强磁选工艺，从尾矿中选出铁精矿，年产 8 万吨，然后再经过一系列工艺选出含金、银量较高的精矿，含金 21.34 克/吨，含银 100 克/吨。同时将尾矿作为陶瓷原料，制成各种工艺品，其烧成温度比传统原料降低 50℃到100℃，节能 20%，还可以将尾矿制成建筑材料，如各种板材、空心砖等，可比常规原料加工到同样细度节约一半的能源，或作为添加剂提高产品的强度。近几年来，国家支持尾矿的开发力度，并取得了较好的成绩。但总的来讲，仅有少数矿山企业开始回收利用，大多数矿山尚未开展这方面的工作。今后应大力加强尾矿的综合利用，把这项工作认真抓实抓好，造福人类。

废渣的开发利用。据报道，鞍钢为了治理矿渣山，投资兴建了年处理 200 余万吨的矿渣磁选生产线和年产 60 万吨粒化高炉矿渣粉、45 万吨硅酸盐水泥细微粉的生产线，所生产的粒化高炉矿渣粉和硅酸盐水泥产品于当年就通过新成果科技鉴定。鞍钢还先后开发出高炉重矿渣、规格渣、高炉水淬渣、尾渣、磁选产品等 20 多个矿渣产品，年处理废渣达到 500 万吨左右，基本上解决了废渣的污染，昔日的废渣变成了非钢产业的新的经济增长点。同时对矿渣山进行治理，利用回填土将矿渣地覆盖，种树种草，使光秃秃的矿渣山变成了美丽的花果山。

废水、废气的开发利用。鞍钢通过调整供水工艺，将净环水用作发电机的锅炉冷却水，每小时可少开采地下水 1200 吨。2000 年，鞍钢投资 1500 多万元建成了生产、生活用水的分供工程，为实现工业废水的零排放奠定了基础。鞍钢回收的废气用作二次能源，新建成一套 8 万立方米的转炉煤气回收系统，并将回收的煤气用于轧钢工序的加热炉，年创效益 2000 多万元，既节省了能源又减少了转炉煤气的放散燃烧给大气造成的污染。

3. 加强法制管理

再生资源是人类在开发原生自然资源过程中形成的一种新类型的次生矿床，有人称作人工矿床，它不同于原生自然资源。因此，用现行政策法规难以管理，因此，需要制定新的政策和法规。发展循环经济是个系统工程，涉及方方面面，必须形成政府、科技、企业、公众的合力，当前急需一些行之有效的约束、激励机制，促进和加强再生资源的循环利用，变废为宝，化害为利，由目前的多回收，少排放"逐步深入"全回收，零排放"，构建一个繁荣昌盛、山川秀美、利国利民、人与自然和谐相处的新型社会，功在当代，利在千秋。

第二节　地学哲学与经济可持续发展

一、我国矿业经济可持续发展的突破与挑战

矿业是人类生产和社会经济工业化的基础助力，是现代文明的基础性产业。目前，大规模的经济建设与现代化发展的需求以及传统的工业化生产方式使得中国矿业不堪重负。中国矿业的现有发展模式不仅严重制约着中国经济社会的可持续发展，也严重制约着矿业本身的可持续发展。中国作为后发国家，在矿业生产治理上无疑要向先进国家学习，但中国矿业的可持续发展问题要比发达国家复杂得多，中国经济社会的发展已经没有了从容解决这些问题的时间和空间，需要创新超越、战略超越以及根本性的观念超越。

（一）我国矿业发展取得的突破

1. 观念创新

自然环境具有公共物品的性质，其所有权和使用权是无法界定的。这导致社会团体或个人滥用环境资源的倾向，从而产生了严重的外部不经济。对于矿业主体而言，如果污染大气和地下水、破坏森林植被的权利是无偿取得的，矿业废渣的堆放是不用付出代价的，对土地的破坏是不受约束的，他又怎么能在

自身成本最小化、利益最大化的自利动机驱使下去保护矿业环境，并承担社会责任呢？而且在我国，生态环境保护的责任通常被赋予多个主体，但是当具体到某个责任者时往往会出现"搭便车"行为。作为矿业发展的一些重要参与者，其在环境治理和可持续层面上往往表现出较强的被动性。矿业环境保护的法律、制度固然重要，但是只有首先改变观念，才能使法律、制度的执行更为顺畅，否则生态环境保护就只能处在咎则治、不咎则过的尴尬境地。

2. 技术创新

目前我国矿业的技术水平参差不齐，机械化程度低，还是一个劳动密集型产业。随着找矿难度的增大和可供开发的高品位、易开采、易选冶矿的减少，利用常规方法进行矿产勘查开发效果不断降低。而且矿产综合利用的新技术、新工艺较多地靠引进，引进后消化吸收的投入又不够，不能使技术有效地转化为生产力。对环境污染治理技术缺乏有效的创新，技术利用成本较高。

（1）自动化技术的创新

矿业自动化技术的创新能提高生产效率，大幅度降低成本，增加企业效益，解决长期以来困扰矿工的安全问题，改善工人作业环境（由地下矿工变成坐在地面办公室里的操作者）和矿山自然环境。而且矿业自动化能大量采集各种信息，及时进行分析处理，将许多不确定因素变成可预见的因素，提高决策的准确性。"在发达国家，美国模块采矿系统公司的自动化调度系统，能使生产率提高 6%～35%；其选厂磨矿系统应用专家系统与先进的传感器相结合，可使产量提高 10%；瑞典一个地下锌矿安装了计算机控制的通风系统，利用传感器测定环境状况，自动控制风机开停、风门启闭以及风机转速，实现了节能 1/3 以上。"[①] 由此可见，矿山自动化能提高生产率，降低矿山因内外条件变化而增大的成本，为矿业的可持续发展增添活力。

（2）清洁生产技术的创新

清洁生产是矿业可持续发展应遵循的兼顾经济和环境效益的最优生产方式。其基本途径为绿色工艺和清洁产品。针对矿业的环境污染和资源浪费问

---

① 刘廷安. 自动化矿山——21 世纪矿业技术的主旋律 [J]. 矿业工程, 2000 (1): 2.

题，清洁生产可以通过控制反应途径和深度，使用清洁原料、溶剂、试剂及绿色催化技术，对副产品进行深加工和循环利用，寻找清洁替代产品等方法来实现。针对目前矿业可持续发展比较突出的资源浪费和环境污染问题，清洁生产可以最大限度地减少原材料和能源的消耗；通过对生产全过程进行科学的改革和严格的管理，将有毒有害的废弃物或产品变为无毒无害的产品，使生产过程排放的污染物达到最小量化。这样，在生产过程中就可以控制大部分污染，消灭工业污染源，从根本上解决环境污染与生态破坏问题，产生很高的环境效益。因此，清洁生产技术的创新在提升物质利用水平、改良工业结构上大有作为。

3. 制度创新

矿业立法不仅要遵循社会经济规律，而且要遵循自然规律，特别是生态学规律。必须依法管理与保护生态环境，实现经济、社会和生态可持续发展。

（1）公平参与制度创新

公平的参与制度可以保障矿业健康、快速发展，保护矿产资源，满足人类需要。"目前私营、外商等多种采矿主体出现后，国家对地质勘探工作的投入被各种形式的矿山企业无偿占有，勘探工作的大量投入不能得到回报，造成国有资产流失，严重侵害了国家利益。"① 而且由于对矿业权的物权属性没有在法律上明确界定，使得国家和地方难以共同分担责任，分享利益。风险勘探开发得不到必要的补助，无法调动矿业权人投资勘探矿产资源的积极性。因此，应该在完善矿产资源国家所有权制度的基础上，针对不同的主体，创新出符合矿业发展规律、能够带动矿业健康发展的政策，鼓励以多种形式参与矿业开发，通过公平竞争获得采矿权，对先勘探的企业赋予优先采矿权。

（2）创新环境保护制度

由于无须承担破坏环境的代价，导致一些矿业权人忽视环境，恶性竞争。在这方面我国可以借鉴发达国家的做法。就如何规范矿业主体行为的问题，可以借鉴澳大利亚的做法；具体的环境保护措施，可以借鉴美国的固体废弃物处置法、资源回收法，德国的废弃物管理法，法国的废弃物清除及有用物质回收

---

① 高富平，顾权. 我国矿业权物权化立法的基本思路 [J]. 法学杂志，2001（6）：72.

法，日本的废弃物处理及清扫法等。这些法律、制度都是针对本国实际情况制定出来的。

（二）我国矿业发展面临的挑战

矿业作为以不可再生的自然资源为消耗的产业，在其对人类社会进步作出巨大贡献的同时，其可持续发展性也因人口的增长、经济的发展、环境的污染而受到人类的关注。矿业可持续发展不仅是指矿产资源被利用时间的延长，还应该以其对外部的效应为出发点，讨论其对人类、社会、自然可持续发展的影响。因此，将这种可持续发展界定为对外部资源贡献的正效应最大化，对外部环境的负效应最小化的一种发展模式。矿业的外部正效应主要表现为矿产的开采为生产、生活提供原料，推动社会经济发展等。外部的负效应主要有：由于环境污染、生态破坏及资源耗竭等，使其他社会组织或个人受到经济或其他方面的损失。所以，可持续发展的矿业要秉持以人为本的思想，首先，要持续不断地为社会经济进步提供资源；其次，矿业的发展要对环境、生态负责。

1. 地质环境负效应

首先，矿业开采占用了地表大量的土地。据研究，露天采矿所占用土地面积大约相当于采矿场面积的 5 倍以上。其次，矿山地下开采形成的采空区及疏干排水，易引发地面塌陷、裂缝、沉陷、滑坡、泥石流等人为灾害。此外，采矿疏干、塌陷及矿山压力和地应力的释放，还易诱发地震。

2. 水环境负效应

在矿石开采、选矿或洗矿过程中产生大量废水，其中包括矿坑水、废石淋滤水、选矿水及尾矿坝废水等，这些废水排入地表水体后，不但会造成地表水体的有机物污染、酸碱性污染和重金属污染，增加水体的混浊度，破坏水体的自净能力，流入耕地后还会破坏农作物生长或污染农作物，使农作物中的重金属含量成倍增加，严重损害人类健康。而且，矿山开采往往会造成区域地下水位下降，出现大面积疏干漏斗，使水源枯竭或河水断流。

3. 大气污染

我国煤炭开采每年排放 60 亿立方米甲烷，仅利用 3 亿立方米，每年排入大气的高浓度瓦斯约为 1.2 亿立方米。煤矸石自燃释放的二氧化硫和硫化氢等有毒气体也严重污染了空气，使矿区的呼吸道传染病发病率明显高于其他地区。在气候干旱、风大的季节和地区，尾矿粉尘在大风推动下四处飞扬，危害周围居民的健康。大气污染的另一来源为矿物燃料燃烧、矿石冶炼和工业废弃物燃烧等。空气污染不仅对人的身体健康造成威胁，而且会造成酸雨，污染河流，并使土壤酸化、建筑物腐蚀，等等。

4. 生态环境负效应

矿山开采会造成植被破坏、土地沙化等一系列环境问题，使矿地原有植被或草地消失，山体、水体遭到破坏，生态景观被打破，最终形成一个与周围环境完全不同甚至极不协调的外观。长期堆积在矿山周围，会导致矿区的土壤严重污染，造成土地肥力下降，致使农田废弃闲置，对人的基本生存构成威胁。

二、地学哲学引领我国矿业经济的可持续发展

(一) 马克思的生态理论是地学哲学的理论基础

为了推进地学哲学的发展，一要不断推进壮大研究队伍并努力提高队伍的马克思主义哲学素养；二要理论联系实际，重视并努力解决当前急迫问题；三要在实践中丰富和发展地学哲学思想；四要不断加强学科建设。

马克思主义认为，人类认识世界和改造世界是一个从必然王国到自由王国的无限发展过程。而提高人类在协调人地关系方面的自觉性，正是推进这个过程的一个重要方面和有力步骤。如果协调人地关系成为社会性意识，则是从必然到自由的必经之路中的一个里程碑。从这个角度来看，研究"地球科学与可持续发展"具有重大的理论与实践意义。

恩格斯说过，到目前为止，存在过的一切生产方式，都只是在于取得劳动的最直接的有益的效果。那些只在以后才显现的，由于逐渐的重复和积累才发生作用的进一步结果是完全被忽视的。这是针对直到十七八世纪的社会生产状况而言的，指出了人地关系问题未受重视的情况。同时恩格斯还指出，我们不

要过分陶醉于我们对自然界的胜利。对于每一次这样的胜利，自然界都报复了我们。这就用最为简明的语言尖锐地指出了协调人地关系的重要性，指出了不重视这个问题的必然结果。历史已经表明，用马克思主义做指导，"人定胜天"征服论的人地观向现代协调论的人地观转变，是有必然性的。

要用马克思主义所确定的世界观和方法论指导实施可持续发展战略。处理经济社会与资源环境关系，有客观性、能动性和社会历史性。这是以承认地球的客观实在性，承认地质现象、地质运动规律和人地关系规律的客观性为前提的。人类协调人地关系的能动性来源于实践，是在实践基础上的主观与客观的统一。要真正协调好人地关系，就必须反对主观与客观相分离的唯心主义和主观主义，而去综合总结人类生产实践的全部经验，进行准确的调查研究，要有系统性和科学的预见性、创造性。这样的实践过程具有辩证的性质、发展的特征。必须应用联系的观点和矛盾分析的方法辩证地处理经济社会与资源环境的协调。要注意社会—自然这个巨系统内部关系的复杂多样性，系统的整体性、结构性和层次性，在这个基础上来把握系统及其内部协调发展的规律性。

总之，围绕地球科学与可持续发展开展地学哲学研究，其主要的研究方法，一是不断地总结、归纳实践和知识成果，不断接受实践检验，与时俱进；二是以辩证唯物主义和历史唯物主义做指导；三是借鉴先进的科学技术和认识论、方法论来推动和帮助；四是紧密联系实际需要，实事求是地提出问题并解决问题。

在"地球科学与可持续发展"这个总的主题之下，已经开展了一些专题研究工作，包括：矿产资源与可持续发展；能源资源与可持续发展；土地资源与可持续发展；水资源与可持续发展；海洋资源与可持续发展；减轻地质灾害与可持续发展；环境与可持续发展；气象与可持续发展；自然景观与可持续发展等。开展这些专题的研究工作，希望能够充分讨论各相关专题的基本范畴，研究相应的资源环境在社会中的地位和作用。回顾过去，说明其在人类社会发展进步中所取得的重要成果，以及对推动社会发展和人类进步所起的作用。分析现状，指出在当前社会发展中面临的形势和任务、机遇和挑战。展望未来，提出适应可持续发展要求的相关对策和建议。希望这种研究既把全球性问题作为立论的着眼点，又从国情出发探讨如何看待与解决中国碰到的全球性问题。切实把为社会服务与发展地球科学服务结合起来，在富有观点、思想的启迪性的基础上能提出较为明确合理的对策主张。

（二）地学哲学研究为可持续发展战略服务

自有人类社会以来，在人类社会生产实践和认识自然、利用自然、适应自然的过程中，逐步萌生与形成了地球科学。而随着地球科学的形成与发展，对于人类的科学宇宙观的形成，对于解决人类赖以生存与发展的矿物资源保障问题，对于防治自然灾害，对于人类文明的进步与社会的发展，都作出了巨大贡献。

随着科学技术的飞跃发展和社会生产力的空前提高，人类创造和积累了前所未有的巨大财富，建立起了一个全球性市场体系，从根本上改变了人们的工作方式和生活方式，在现代科学和技术、现代经济和管理、现代教育和文化的基础上，形成了灿烂的工业文明，也极大地丰富与提高了人类的物质生活和精神生活水平。

但在取得巨大成就的同时，也产生了一系列令人忧虑的严重问题，眼前的巨大利益潜伏着长远的深重危机。在相当长的一个时期，钢铁、石油化工、汽车等高耗能、高污染产业成为发展的主导产业，增长似乎成了发展的唯一目标。单纯追求经济增长，在空前发展了社会生产的同时，也带来了全球性的资源过度耗竭、环境严重恶化。据有关资料，全球现代由工业所搬运的人为物质流为35立方千米/年，其中采矿搬运量约占一半，而先前全球河流搬运物累计每年为4.5立方千米，人类活动对环境的影响远远超过地质力自然风化作用的影响。全球土地沙漠化的面积将近1/3。全球土地面积每年正以1700万公顷的速度在减少。在过去的100年中，全球森林已减少一半，有人预计，照此发展下去，再过50年，人类就可能失去天然森林。世界上目前已经有100个国家粮食不能自给。人口增长，导致淡水危机，目前世界人均淡水不足7000立方米，而到2025年，不到5000立方米。加上淡水污染因素影响，则可供给纯净淡水资源更为紧张。到2050年全球100亿人口当中将有44亿人受到长期缺水问题的困扰。矿物原料的消耗也急剧增长。以铜为例，到目前为此，全球人类已采出铜金属量2.7亿吨，其中20世纪以前的几千年中仅采出3200万吨，进入20世纪以后这100年中就采出2.38亿吨，平均每年约240万吨，而1995年全球就产出了1004万吨。再以能源为例，仅仅20世纪内，全球矿物燃料的使用量就增加了约30倍。燃煤带来的烟尘、二氧化硫正在污染空间大气层，造成了严重的环境污染。19世纪末，伦敦就曾发生3次由于燃煤而造成的毒雾事件，死亡1800多人。全球性的气候变化特别是"温室效应"，臭氧层被破坏，一些物种灭绝，酸雨蔓延，有害废物剧增，大气、水域包括海洋污染，各种触目惊心的环境问题层出不穷。地质灾害等自然灾害给人类造成巨大损失。1965—1985年这20年间各种自然灾害造成280万人死亡，受影响的人口达8.2亿人。1995年全球因自然灾害损失即达1500亿美元，仅日本阪神大地震造成的经济损失即达824亿美元。1830年全球人口才10亿人，到1930年用了100年增加到20亿人，到了1950年用了20年增加到30亿人，到1967年仅17年增加到40亿人，后来用不到10年就会增加10亿人，现在全球人口已从1950年的30亿人猛增到了60亿人。预计到2050年，全球就会达到100亿人。尽管工业革命和科技进步带来了生产力的空前进步，但人均自然财富的水平并没有很大提高，资源环境对人口的承载力趋于脆弱，向极限逼近。类似情况在我国同样存在。中国自然资源总量虽很丰富，位居世界前列，但由于人口众多，人均土地、矿产、水资源、森林资源等水平均居世界后列，不到世界人均的1/2和1/3，都在第50位之后。中国国土辽阔，而人均耕地仅为世界人均的1/2。用不到世界10%的耕地养活全球22%的人口本已不是一件易事，而耕地仍在减少。据统计，建设占用耕地仅1986—1995年就导致净减少耕地3000万亩，几乎是整个韩国的耕地面积，相当于每年净减少3个中等县的耕地；由于水土流失，全国表土流失量每年达50亿吨，肥力损失约相当于4000多万吨化肥。天然森林逐渐减少，森林覆盖率我国仅14%左右，约为世界平均水平的一半还多。矿产资源形势也日趋严峻，现有探明储量保证程度急剧下降，45种主要矿产中已有一半矿产不能满足2010年的需求。水资源形势相当严峻，全国640多个城市中有300多个缺水，每年影响工业产值2300亿元。全国农村缺水 300 亿立方米，因缺水减产粮食 400 亿斤，并有 6000 多万人口常年饮水困难。黄河自 1972 年出现首次断流 15 天，而自 1985 年起却几乎年年断流，1997 年断流达 226 天之多。2018 年长江、松花江、嫩江发生全流域性特大洪水。据 8 月下旬统计，受灾面积达 3.18 亿亩，成灾面积 1.96 亿亩，受灾人口 2.23 亿人，死亡 3000 多人，直接存量经济损失 1600 多亿元，增量经济损失 500 多亿元。不仅各种水患频发，而且至今 1/3 的工业废水与 90% 的生活废水不经处理排放，也严重加剧了环境的污染破坏。从整体上来看，人口膨胀、资源耗竭、环境恶化、生态破坏、粮食匮乏、地区发展差距加大，人类自身的生存和发展受到严重威胁。

可持续发展问题的提出是对这些问题回应的最强音，节约资源与保护环境已成为世界潮流，特别是 1992 年联合国环境与发展会议通过《21 世纪议程》之后，更引起各国政府的关注与重视。中国政府也制定了《21 世纪议程》，把可持续发展作为一个战略来实施。可持续发展要体现永续发展的原则、代际公平的原则和协调发展的原则。实施可持续发展战略是既要考虑当前发展的需要，又要考虑未来发展的需要，不以牺牲后代的利益为代价来满足当代人利益的发展；既要达到发展经济的目的，又要保护人类赖以生存的自然资源和环境，使我们子孙后代能够永续发展和安居乐业。说到底，可持续发展战略，就是要使经济社会与资源环境相协调永续发展的战略。而经济社会与资源环境相协调，在地学哲学的范畴里就是"协调人地关系"。

处理人地关系的社会实践是贯穿于整个人类文明史的。自从地球上有了人类有意识的活动，便有了广泛的为适者生存而进行的利用资源、适应环境等处理人地关系的活动，从洞穴狩猎、原野游牧、傍水而居、刀耕火种到都邑市井、车水马龙，从石器时代、青铜器时代、铁器时代、蒸汽机时代、原子时代到现代信息和知识经济时代，人类在处理同自然的关系方面所进行的社会活动是从原始的、本能的、被动的状态开始，走向朴素的、积极的、自发的状态，再走向比较自觉的和有组织的状态；由盲目的状态，走向先验的状态，直到今天运用现代科技的状态。这个过程，也是人类地学思想诞生和发展的过程。只要人地系统存在一天，或者说人类在地球上延续一天，处理人与地的关系的社会实践便会存在一天；只要人类文明史发展一步，这种实践及其实践中诞生发展的地学思想便前进一步。

处理人地关系的活动又是广泛存在着的社会活动。当人作为劳动者同地球这个最基本的劳动对象打交道的时候，当人作为最根本的生态因子同地球这个整体和主要的生态环境打交道的时候，支配其行动的除了自身需要之外，便在于人所掌握的对自然的认识——地学思想的状态、水准和现实的生产技术条件。这种认识无论是来自于前人的经验积累还是自身的实践探索，都对人类处理同地球的关系产生指导作用。在有人类的地球上，地对人的影响无所不在、无时不在，人适应于地的过程亦无所不在、无时不在。因而，地学思想对人的影响、对社会发展的作用便无所不在、无时不在。

人类在处理与地球的关系上所形成的人地观，历来有过许多特定的状态。古代有天命论的人地观，文艺复兴时期有决定论的人地观，再到机械唯物主义影响下的或然论的人地观、征服论的人地观，乃至现代居主流地位的协调论的人地观和融合论的人地观。这种历史具有曲折、反复而漫长的进程。今天，地球资源环境无论从总量还是结构上都在制约着社会生产发展。资源短缺、人口膨胀、环境恶化问题日益突出，"人类只有一个地球"的意识正逐步形成，驱使着人类必须学会更加自觉地协调好人地关系，而协调人地关系便被作为哲学与地球科学的基本主题来进行探索。就"地球科学与可持续发展"来开展地学哲学的研究，将为可持续发展提供方法论的启示和指导。

（三）地学哲学功能促进矿业可持续发展

1. 社会经济与资源环境协调发展

在人类文明演进史中产生和发展了地球科学，而地球科学的发展则极大地拓展了人类生存的空间和资源开发利用的基础，提高了社会生产力水平和人们的生活质量。当代从资源、环境到粮食、人口出现了诸多方面的危机，构成人类面临的基本问题。历史的经验表明，解决这些基本问题的途径同地球科学的发展是密切关联的。因此，应当充分注意发挥地学在实践可持续发展中的重要作用。而如何充分发挥与拓展地学的社会功能，则是地学哲学应当重视研究的一个重要任务。

地球科学在促进人类社会经济的可持续发展过程中，应当发挥全面的基础性支持保障作用，其主要功能在于：第一，保障资源永续利用的能力；第二，促进和指导人类社会保持良好的生态和环境；第三，提高人类预测、预防和治理自然灾害的能力，减轻灾害的损失，减缓灾害的威胁；第四，为国土开发整治、区域社会经济的合理布局与协调发展进行谋划，提供基础信息、咨询与指导；第五，为相关学科的发展渗透与综合，提供基础科学技术与智力的支持。

21 世纪的地学，就其支持人类社会解决各种基本问题、努力增进人类对自然的基础性认识而言，应在以下方面来发挥好特有的功能，不断扩展服务领域。

第一，保障矿产资源的持续供应，寻找与开发矿产资源仍将是地学的核心内容。今天，70%的农业生产资料、80%以上的工业原料、95%以上的能源取自于矿产。矿产对工业化社会"不可一日或缺"的重要性，决定了地质找矿的重要性。对于包括中国在内的发展中国家而言，相当一个时期都还会处于矿产消耗强度增长趋快的时期。半个世纪以来中国的地质找矿取得了举世公认的成就，奠定了中国矿业乃至整个工业经济所依赖的矿产资源基础。但要满足近期矿产资源的需求并让今后一定时期的可持续发展保持后劲，找矿仍是地学的重要任务，我们丝毫不可松懈。但是，今后的地质找矿并不应等同于传统的找矿勘查。一方面，随着矿物原料与化石燃料的日益耗竭，随着矿产特别是已被认知为"有用的地质体"（传统矿产）的日益隐秘，需要总结地学认识，更新地质思维，发展地学理论，着眼于新领域、新地区、新深度、新类型，发展和应用从超宏观到超微观的包括数字地球信息系统及各种综合手段在内的现代技术，来扩大找矿效果。另一方面，随着许多矿产勘查开发成本的日益增长，需要在用矿领域谋求新出路，或者变革工艺降低用矿成本，从而使贫矿当富矿开发、劣矿当优矿开发，或者开拓地质体的新用途、发展新的用矿方向，使非矿变为矿、单一矿变为多用途矿，使矿产综合利用和潜在矿产（地质体）开发研究日益受到重视，实现新型廉价资源对传统资源的部分取代。显然，通过地质勘查去找"有用的地质体"（第一种找矿）与通过工艺变革技术开发去开掘

"地质体的有用性"（第二种找矿）会是今后相辅相成的两个方面。随着资源利用从粗放走向集约，过去一直重视不够的第二种找矿应当成为日益重要的方向。

第二，环境地质应与资源勘查并重。环境地质工作就其为人类"减灾"的意义来看，应同"探宝"意义上的资源勘查同等重要。利用自然资源的过程便是对自然环境的改造过程。人类与自然的相互影响正随着社会生产的发展和自然作用的积累而加剧。环境问题全球化已成为关系到人类生活质量的普遍问题和关系到人类未来存亡的紧要问题。在自然环境诸方面，处于人类活动影响之下并为人类带来反作用的地质环境问题是被长期忽视的。地质环境是整个环境系统最基本的物质基础，由于地质环境变化的不可逆性，人类活动对整个自然环境各要素的影响更加巨大而带根本性。现在人类本身已成为最重要的地质因素。苏联一个国家库堤大坝总长便超过赤道周长，人们预计全球工程建筑覆盖面积将达到 2000 万平方千米，即占全球陆地面积的 1/5。不仅广度上如此，人类影响地壳的深度与太空的高度也在日益增大，不仅 1.2 万米的深井早已钻成，而且在 1000 米以下采煤和 3500 米以下采金也成为现实。全球城市化进程的加速带来了一系列环境地质问题与资源供应问题。从 19 世纪初的世界人口 10.42 亿增长到 2019 年的近 70 亿人口，人口数量的极速增加，势必造成对自然资源需要的增加和环境承载力的加重，中国 1949 年只有 135 个城市，到 1996 年达 640 个城市，人口 5 亿。地质环境问题同其他环境问题相互影响和叠加而变得益发严重。大如火山、地震、极地冰解、地幔（大地）放气，中如水土流失、区域性冻土、土壤沙化盐渍化、海水倒灌，小如滑坡、泥石流、地面沉降、崩坍等，地质环境的脆弱性及其灾害的频繁性日益突出。一次滑坡造成的损失可以抵销一座大矿山带来的收益，甚至是几十座大矿山的收益也无法补偿一次未加防治的地质灾害的损失。1998 年长江流域的大洪水诱发的地质灾害问题触目惊心，并造成了上百亿元的损失。国际上从 20 世纪 70 年代以来逐渐重视环境地质工作，到目前已显示的成效表明，解决人类面临的环境问题离不开地学。我们应进一步地重视这方面的地学工作。特别是城市地区的地面沉降、地壳稳定性、地裂缝与地下水漏斗问题，各种常见的滑坡、泥石流、崩坍等地质灾害的监测与治理问题，固体废物的地质处理问题，工程地质勘查问题，沙化、盐渍化及冻土层等退化土质的地学参与下的治理问题，滩涂、大陆架与海岸带的地质工作等。现在是到了把环境地学同资源地学并重的时候了。

第三，地学要加大为农业服务的力度。地学不仅要服务于工业（找矿），也要更多地转向服务于农业。农业特别是粮食生产的稳定增长，始终是国民经济长期稳定发展和社会安全的根本保障。中国人均不到一亩半地，农业的出路在科技。农业科技除了开拓生物工程技术（这历来较为重视）外，还应包括针对作物赖以生长发育的土壤及其地质基础而开展地学研究（这一直是较为薄弱的）。自 20 世纪 80 年代以来，中国在农业地学方面进行了积极有益的探索，并取得了可喜的进展。但农业地学整体上还处于某种初创和零散的状态。就中国的情况而言，除为农业提供传统的化肥矿产资源外，至少可以在土、水、肥、饲等方面开拓服务于农业的地学新领域。一是在生物土壤学、农业化学的基础上进一步研究以农业地球化学为主要内容的地质背景。通过进一步研究土壤、岩矿、水文、地貌等环境地质背景因素，研究地质体中微量元素等对农业地质背景的根本影响，来把握从岩矿以至土壤与生物在元素迁移聚积平衡、水分供需系统中的相互关系，使农业区域规划、作物播种布局等能建立在较严格的地质背景系统研究基础上。如四川棉花种植区的调整、北京板栗与广西柚子的选区种植。只有抓住了地质背景，才能从根本上把握作物生长的基础和土壤相对于特定作物的适用性。在同种气候条件下促成作物优势生长便取决于农业地质背景的局部差异和特殊因素的组合。系统开展农业区域地质背景大调查并使农业地质背景数据化，是土地调查与地质调查相结合所能开拓的重要新领域，这项工作将为大区域优势作物布局调整提供依据，为合理调剂肥力和建立大农业体系发展生态农业、立体农业模式奠定基础；二是农业水利地质工作，包括农田供水水源地勘查、地下水回灌、水利工程的地质工程勘查与选址、旱涝盐碱治理、地热水的农业开发以及科学灌溉、节水农用、防治水土污染、泄洪保肥等；三是在农业区域地质背景研究与了解矿物资源特点的基础上，开拓农肥系列化产品，把各种混合肥料、复合肥料、多元微量元素肥料、廉价代用矿岩肥料的技术开发及指导合理配方施用的研究开展起来；四是广泛开展矿物饲料研究，充分利用矿物的某些特性使矿物饲料对于牲畜鱼禽的促进消化吸收、催育催膘、防疫抗病等方面的特殊功用发挥得更好。农业地质应是与找矿（工业）地质工作同等重要的地质工作，应是与生物工程技术同等重要的农业科技工作。

第四，地学应直接为人本身服务。最大限度地减轻人类生存威胁、提高人类生活质量、开拓人类发展前景，这是一切有益活动的根本目的。人体是地壳物质演化的产物。英国汉密尔顿的研究成果证实，人体组织特别是血液中的元素平均含量都与地壳中含量密切相关并有严格的对应性。人体健康与地质背景（水土）关系是一个十分值得探索的领域。人口地学的第一个方面是病理地学，特别是地方病与生物地球化学异常的关系研究。碘缺乏症，氟中毒，镁、钙异常引起的大骨节病，汞中毒引起的水俣病，砷、铬、镍异常导致的多种癌变等正受到人类社会的日益关注。如食盐加碘正是这种认识带来的补救性措施。医学可以为地方病与某些流行性疫情治标，而在病理地学基础上采取的改良水土等措施则可以为地方病与流行性疫情治本；第二方面是药用矿物的开发。其实中国古代的《本草纲目》早已开创了矿物药研究的先河，只是这方面的研究有待更多地重视开拓与应用；第三个方面则是与社会学相结合的工作，如人口区域布局与城镇选址、人口迁移问题、民族或群落的地学环境研究等。这次中国洪灾之后的重建，便涉及城镇社区与产业布局规划等大量的地质研究工作。可以肯定，人口地学领域远比这里所列举的内容更为广阔。

总之，尽管寻找矿产资源仍不失为地球科学重要的内容，但未来的地球科学并不能只是在传统的功能领域内延伸增长，而必须着眼于社会的日益多样需要。但是，地球科学在未来的可持续发展中能否比较全面地起到基础性支持作用呢？在服务于解决环境问题的环境地学、服务于解决粮食问题的农业地学、服务于解决人口方面问题的人口地学乃至整个基础地学理论与地学技术等方面，是否都能够得到应有的发展呢？这取决于我们的共识与努力。我们的地学哲学研究应当唤起这种共识，促成这种努力。

2. 现代资源环境意识的普及有利于资源经济可持续发展

人地观的曲折转变，在一定意义上就是资源环境意识的转变。我们开展地学哲学研究，在相当程度上是为了从地球科学和社会实践中汲取营养，来探索形成正确的资源环境意识和对社会发展的基本看法。

目前，世界经济处于从主要依靠自然资源的占有和配置的资源经济向主要依靠智力资源的占有和配置的知识经济过渡时期。世界面临的资源危机威胁着这种过渡，从而危及可持续发展。在知识经济时期，人类将不断开拓新的技术能力来解决资源供应问题与保护环境问题，其前途是光明的。但是，如何合理利用现有的有限资源，如何有效地保护生态环境，如何正确地推进社会进步维持人类生存能力与生活质量，已成为摆在全人类面前的严峻课题，这需要有共识之下的共同行动来解决。

可以说，可持续发展战略实施，某种程度上取决于社会公众树立可持续发展意识，其中，资源环境意识的形成与普及是关键之一。地学哲学对此可以发挥自己的功能，服务于实践。

首先是认识功能。地学哲学可以为认识客观世界与可持续发展的实践提供思维工具与智力支持。可持续发展要求自然、经济、社会发展的持续性，这就要求人们对客观世界不断深入认识，地学哲学正好为此提供思维工具。可持续发展战略特别强调公众参与，这就要求社会公众普遍树立持续发展意识、资源环境意识、人口意识、防灾减灾意识等可持续发展意识，地学哲学为此可以做出贡献。

其次是方法论功能。地学哲学可以为可持续发展提供科学的思维方法。事物的利与弊总是相伴而行的，发展就是一柄"双刃剑"，处理不当，本来应该带来物质财富的发展，却有可能给社会带来"人为灾难"。局部有利的活动，全局上可能带来祸害。这就要人们多一些辩证思维与高瞻远瞩，少一点形而上学与急功近利。

最后是协调功能。可持续发展是一项系统工程，它要求包括地学在内的多学科协同作战。地学哲学可以从地学这一立足点为多学科渗透与综合提供咨询、协调关系。

（四）地学哲学与矿业可持续发展的展望

开展地学哲学研究，在理论建设的同时我们必须把着眼点和落脚点放到现实生活中来。在此拟提出如下一些对策建议。

1. 坚持"发展必须是科学发展"的观点

党的十九大报告指出"发展是解决我国一切问题的基础和关键"，我们提倡协调经济社会与资源环境的关系绝不是不要生产和发展而是坚持科学发展和可持续发展。但我们需要的生产和发展，是造福而不遗祸的；是要生产财富、发展福祉，而不是要生产祸害、发展灾难。我们要健康、可持续的发展。可持续发展是提高人类生活质量，提高经济社会生产力水平与资源承载能力、环境更新与支持能力的全面发展。应当看到，没有经济社会的健康发展，资源环境本身也失去了意义，在资源短缺、环境污染等方面存在的问题也得不到应有的解决。经济发展的过程也是解决资源稀缺、环境恶化的过程。解决当前面临的人口、资源、环境问题的根本途径还是要靠发展，脱离了由发展所带来的支持，资源环境的发展也会失去基础。现代高科技产业兴起，生态农业建设、绿色产业的发展等许多成功的实践证明，发展与环境资源的关系是可以统一的。我们强调的发展只能是这种可持续的发展。这种发展必须是集约地利用资源并促进资源支持能力发展的，而不是粗放地利用资源和过度耗竭资源为代价的；是注意保护环境的发展而不是破坏环境的发展，是着眼于长远和整体效果而不只是眼前与局部利益的发展，是注重质量提高而不只是数量扩张的发展。从这个意义上说，我们作为发展中国家，必须坚持发展这个硬道理，必须真正推进经济增长方式的根本转变，走可持续发展的道路。

2. 坚持把节约放在首位的方针

控制人口、保护环境的国策已经确立，在资源中已确立了"十分珍惜、合理利用土地、切实保护耕地"的基本国策。但从我国的国情与可持续发展的要求来看，我们还需要确立比较全面的资源国策，即要把"珍惜节约合理利用各种自然资源"作为基本国策长期坚持下去。不仅土地管理、耕地保护要实行世界上最严格保护与管理的法律制度，而且对矿产、水、森林等各种自然资源都应该实行最严格的保护与管理制度。

我们在资源上要坚持"开源"与"节约"并重,并把节约放在首位的方针。2010 年以来资源"开源"工作受到严重削弱,矿产供应带来一定被动,对未来的影响将会更大。依赖于现在的研究调查工作,以后多半矿产无资源条件保证。例如,按现在的规划将来需要 20 亿吨标准煤作为能源支持,这将是一个巨大的问题。开源一方面是扩大老矿山的资源储量,寻找新的矿产基地,面向海洋与西部地区,加强资源勘查,加大资源建设;另一方面要合理利用国外资源。从系统观的角度看,我们要审时度势,合理定位,抓住机遇,利用全球巨系统,在世界经济一体化的趋势下,力求把握世界政治经济与资源环境这个非平衡态复杂巨系统的特点,正确地选准方位角度,不失时机地建立全球资源供给系统,充分利用国内、国外两个市场,开发利用国内、国外两种资源。利用国外资源又有两种途径。一是直接到国际市场去进口国外的产品;二是要到外国去合作勘查开发资源,特别是对周边友好邻邦中的资源大国,如中亚、蒙古国、东南亚开展互惠合作,是可能调剂一些我国的余缺的。

注意合理调整资源利用结构,尤其是能源结构,大力发展天然气,发展水电与核电。在降低煤炭在能源构成中比例的同时,要大力推广使用清洁煤技术,把洗煤率从 15% 提高到国际上 60% ~ 80% 的水平,加大煤层气的开发力度,加强水合天然气及新能源的技术攻关。建立健全资源储备特别是石油资源战略储备制度,注意安排好资源储备。

3. 建立自然灾害综合监测预警预报系统

提高中长期灾害的监测、预警水平,提高预防和治理灾害的能力。

要大搞植树造林,搞好水土保持。要沿长江、黄河等大江大河建设绿色长廊,继续推进"三北"和沿海防护林带的建设,对不适应的毁林垦地要坚决退耕还林,对围湖造田的要有规划地退田还湖,要建设蓄泄洪功能兼备的工程。做好矿业开发过程中的土地复垦和废石、废气、废水的处理工作,切实搞好环境保护。

要建立健全兼顾灾害、资源、环境的统一共用的地球科学信息采集、监测预警预报系统。要把大陆上空、太空风云变化与海洋变化因素综合加以分析研究，把近几十年、上百年的气象气候历史与时间尺度可能是百万年的地质演化历史中的情况结合起来加以研究。预测自然灾害要求对现代大洋变动、全球变化、地幔放气、板块运动、火山地震等活动对气候的影响都做系统的研究。如果能把气象学科、海洋学科、水文学科、环境科学、工程地质学科较好地综合起来，把卫星遥感遥测技术、地面环境地质监测、水文监测、海洋监测、地震监测等各种实地观测技术及室内分析数据处理技术较全面地结合起来，组成一支长期合作、富于协同作战能力的研究队伍，将会极大地提高自然灾害预测、预报、预警系统的建设。在这个基础上，就可能建立一个综合性的灾害预警、预防和治理的决策支持体系。这对于提高人类防治自然灾害的能力是十分必要的。前美国副总统戈尔倡导的"数字地球"设想，正在各国引起反响，我们应该在"国土数字化"和"数字化中国"方面进行研究与探索。

从资源的系统观来分析，着眼于上、中、下游和东、中、西部的统筹考虑，就必须把治水与治土、治土与治山综合部署，必须把产业关联与产业升级作为灾后重建调整布局的出发点，真正使中央提出的"封山植树、退耕还林、平垸行洪、退田还湖、以工代赈、移民建镇、加固干堤、疏浚河湖"的方针落实好。

4. 坚持资源统筹管理的改革方向

从资源环境的系统观点来看，我们应当改变传统的部门分割、多块分割的状态，在资源环境的体制、法制、机制上采取综合举措以改变其管理。就资源管理而言，必须坚持将资源管理职能从依附于产业的分裂状况中独立出来，形成统一的职能。当前，要转变观念，利用市场，因地制宜，改造成百上千个小系统。尽管各种小系统都为整个社会经济建设做出了重大的贡献，但其自成体系、偏重短期局部利益、互设壁垒阻碍流通的现象，严重地阻碍着资源的优化配置与合理利用。有时候局部小系统功能发挥得越好，对整体大系统产生的副作用就越多。为此，理当顺势进行必要的改造。

要科学分析，依靠法制，宏观调控，逐步建立一个大系统。这次机构改革，从土地到矿产，从陆地到海洋，把各种主要资源统一管理起来，组建自然资源部的改革方向应当坚持下去。对全国各类自然资源、各地各部门的资源体系进行系统分析，要扬长避短、互通有无、优势互补、统筹规划，在力争战略性主体资源自给的同时，通过科学的动态分析，建立系统性能良好的资源管理机构，并以法制保证实现资源的优化配置和综合利用，保持各类资源的动态平衡。

5. 地球科学研究要适应可持续发展要求

可持续发展战略正在推动地球科学走向一个新阶段。前面我们已对地学功能的拓展做了一些分析。我们应当科学地规划地球科学发展布局，大力推进地球科学来适应可持续发展的要求。地球科学经历了从古代文明的萌芽期到近代科学的发展，它包括的学科越来越多，分科越来越细。自 20 世纪，由于大洋考察与深海调查，人造卫星、宇宙探测等手段和地球物理、环球气象等的研究，以及信息技术等先进手段的运用，特别是人类对全球资源环境问题的关注、可持续发展战略的提出，已使地学进入向一个新阶段转变的时期。这种转变主要体现在：在地学中，地球的概念经历着由无机地球到生物地球再到现在人类地球的发展；地学思维由分析性思维向协调性综合性思维转化的发展；从专项技术分科发展向复合技术系统发展；从把地质体作为主要研究对象转变为把人类活动与地质体的相互作用作为研究主题；从由认识找寻和利用自然资源，进行地震、海洋、气象等监测预报为主要目的，转向把保护环境、合理利用与维护资源能力为主要目的；从一般的地球系统科学转向包括人类圈在内的现代地球系统科学；从局部地研究认识自然到把地球作为一个整体来研究；从描述解释地球到规划地球；支配地学研究的社会观念从福利伦理向绿色伦理转变；从自然科学领域的地学延伸到决策科学、人文学等领域的地学。

我们必须重视这种转变，地学本身也要在科学规划之下依靠科技进步来促进发展，依靠思维方式的变革来促进发展，依靠社会需求的多样化格局的调整和拉动来促进发展。我们寄希望于尽早实现地学发展的新转变，使之对人类社会的可持续发展发挥更大的作用。

（五）地学哲学促进大资源大环境观的树立

1. 关于"发展与人口、资源、环境"的关系

发展是关键。发展特别是可持续发展，是人类对未来追求的目标。发展是

硬道理，没有经济的发展，其他问题无从谈起。但发展是既满足当代人的需要，又不对后代人满足其需要构成危害的发展；是合理开发利用资源与环境的发展，是实现代际公平的发展。由于人口、资源、环境是可持续发展战略中的三个根本要素，处理这三者的关系是最基本的问题。我们认为，在这三者中，人口是核心，资源是基础，环境是条件。离开了人口这个核心，就无须讨论发展是否可持续。人口问题既有控制增长与消灭贫困的问题，又有提高人口素质与健康水平、增强人的资源环境意识、提高人的合理开发利用资源与环境的能力问题。但对人口问题的处理，又依赖于资源、环境的状况。相对于人类而言，资源是基础，环境是条件。而且由于人口规模及其生活质量的限度和生存空间的展布，归根结底取决于资源的承载力与分布；环境是人类生存与发展的条件，环境问题也根源于资源的利用是否合理及自然变异的状况，因而在"人口—环境—资源"的大系统中，资源则处在基础的地位。目前对于资源的基础地位认识是不足的，离开资源基础，就很难把人口问题、环境问题解决好。这一点应当引起广泛的注意。否则难以真正实现经济社会与资源环境的协调与可持续发展。

2. 关于资源的社会行为模式

从资源的角度来看，必须注意到资源的社会行为模式是随人类追求的目标而改变的。以前，资源被当作取之不尽、用之不竭的"自由取用物"，人类以财富的"增长"为目的，资源的社会行为模式主要是"开发利用"。"二战"以后，人们发现结构性资源短缺甚至会造成经济危机（如石油危机），人类追求的目标调整为"发展"（在财富增长的同时强调结构调整），资源的社会行为模式则突出了"资源配置"（并相应突出了市场机制的意义）。现在，人类以"可持续发展"为目标，要求在存在全面资源约束的情况下实现"经济社会与资源环境的协调"。因此，"节约保护和更新建设资源"就成为可持续发展时代的资源行为规范。处理好"在保护中开发"和"在开发中保护"的关系显得十分重要。因此，我们建议，保护节约自然资源应同搞好环境保护一样并列为基本国策加以贯彻实施。

3. 确立资源环境系统观

环境是资源的状态。资源环境体系包含各种资源环境子系统。各种子系统之间，必须实现功能协调。从系统的角度来看，可持续发展所面对的系统就是人类社会和自然界这个系统。

而自然资源系统则可分为土地资源、水资源、海洋资源、矿产资源、能源资源、森林资源、草地资源、物种资源、气候资源和旅游资源等10余种主要资源，而多种资源从人类利用角度来看都存在着物质资源、能量资源、环境资源和信息资源四个层次。

资源环境系统观是可持续发展观点体系中最核心的观点。只有当人类充分认识到自己是人与自然大系统的一部分的时候，才可能真正实现与自然协调发展。而且，也只有当人类把各种资源环境都看成人与自然这个大系统中的一个子系统，并正确处理这种资源环境子系统和其他资源环境子系统之间的关系的时候，人类才能高效利用这种资源并维护好相应的环境。树立系统观，要求我们从整体上把握各种资源环境所共同构成的大系统，以科学知识为指导，根据发展需要，不断排列组合矩阵中的子系统，并使之达到动态平衡；系统地进行资源环境管理的法制建设；系统地进行资源环境管理的体制建设；系统地推进资源环境合理开发与科技进步。

4. 辩证地看待资源，正确处理资源问题中的矛盾关系

一是资源大国与资源小国的关系。我国有广袤国土和辽阔海疆，在世界上从资源总量看居资源大国地位，可以说是"地大物博"。然而因为人口过多，就人均水平而言又处于资源相对短缺状况，是"人多物薄"。对此，我们既要看到宏观上综合经济潜力巨大的因素，又要清醒地认识到在微观上人均可利用资源有限的现实问题，增强国民资源忧患意识，大力节约和合理有效利用资源。

二是资源的有用性与有害性关系。资源只有在一定技术经济条件下进入人类生产和生活利用的环节之中，才是有用的。污染物（如垃圾）分类处理后，加以利用时是资源；资源遭到抛弃，或不为人所利用，则被认为是垃圾（污染物）。有些资源在一定技术条件之外，就只是一般物质而已。资源的这种双

重性，要求人们最大限度地开发资源的有用性，最大限度地防御和转变资源的有害性。对某一种资源（如煤炭）而言，应当在其经济资源价值最高的情况下，运用最好的时机和途径，用适宜的技术进行清洁开发，高效利用。错失这种时机或不能采取充分利用的途径，资源就可能成为一种公害污染物。

三是资源的量与质的关系。决定资源品质的优劣，既在于其天然禀赋，又在于现实的技术经济水平。我国有相当多的资源，天然禀赋却不够理想，比如说，金属矿产小矿多、贫矿多、共生伴生矿多、难选冶矿多等。应该开发适用技术充分加以利用。由于资源有优劣，我们就必须改变以往十分简单地以名义总量、名义人均量来反映资源国情的状况，要建立新的指标体系，对各类资源除名义计量外，还要进行标准计量，如标准煤吨、标准田亩等，从而真正做到对国情心中有数。

四是应当用开放的观点来看待资源。资源的开放观是从地区到全球，从微观到宏观，从局部到整体，在不同层次上都要确立的一种基本观点。我国地区差别很大，发展很不平衡，资源组合错位，东西部发展水平差别（东部发达，西部相对落后）、南北方资源结构差别比较明显。地区之间的资源具有很强的互补性和动态交流的必然性。以资源的开放观为指导，打破地区经济封锁以实现资源优势互补；打破部门和产业资源子系统的经济封闭以实现产业结构动态优化、合理配置资源。

自然资源是由本土条件决定布局的，像水、土、气候、矿产等，完全靠从国外进口之类的办法不能改变这种资源布局的基本状况，我们必须充分珍惜每寸土地、每滴水、每一个矿藏。但许多资源性产品又是无国界的，我们有必要树立资源的全球观点，输出优势创汇资源性产品，并注意同有条件的国家进行互利合作，勘查开发我国所急缺的资源，在有利的时机进口我国短缺的资源，充分地利用国际资源。

5. 注意高新科技和知识经济对解决资源环境问题的巨大潜力

这里也有一个辩证地看待资源的有限性与无限性的问题。自然资源就其物质性而言是有限的，其中有许多是耗竭性和不可再生的。然而，资源系统是开放的，而且人类认识、利用资源的潜在能力也是无限的。因此，资源又具有相对无限的特点。我们既不能片面地持有限性的看法而抱着悲观论观点，也不能片面地持无限性的看法而盲目乐观。只有努力地把人类认识、合理利用自然资源的潜力充分地发挥出来，通过人类自觉地节约资源，通过科技进步不断地开发新资源，并始终注意到利用资源所带来的社会、环境等各方面的问题，才能够对资源支撑可持续发展的可能性持切合实际的乐观主义态度。

过去人类认为耕地资源是无限的，不久就因争夺土地发生了战争；欧洲到 18 世纪还认为森林资源是无限的，不到 100 年就有大批人因为森林资源殆尽逃离美洲；水资源往往被当作无尽的，但世界正全面发生水危机。人们现在还认为空气资源是无尽的，实际上污染已使干净的空气变得越来越珍贵。人们认为阳光资源是无尽的，臭氧层的破坏已使强辐射伤害了人类。可以说所有资源都是有限的，都是需要节约和保护的，都是有价的。同时也应当看到，人类认识资源的能力是无尽的，改变旧资源开发新资源的能力是无尽的。在知识经济时代，人类对资源的认识会有创新性的变化。从对智力资源的挖掘入手来提高国土资源的管理效率，正成为必然的趋势。今天我们对自然资源保证的估计，必须把高新技术的因素考虑在内。

"科学技术是第一生产力"是世界经济发展的必然趋势，是不以人们的主观意志为转移的。如果说 18 世纪工业革命中，人类由于能源的需求开始大规模利用煤这种"石头"，由于材料需求开始大规模利用铁这种"石头"，而逐渐将其消耗为短缺资源，又反过来受制于这种资源的话，那我们目前面临的知识经济中的高技术所开发的资源已经发生了质的变化。铀所产生巨大的核裂变能，其商用期比预测大大提前，目前成为世界上第四大资源。信息技术革命中计算机的核心——硅片用的也是"石头"，尽管计算机主要是开发人力资源，但也不失为用高技术开发原有低价值自然资源使其千万倍升值的一个典型事例；生物技术革命中生物工程用的是和其用量相比无尽的基因；新能源革命中受控热核聚变用的是和其用量相比无尽的海水。近来学术界高度关注海底一定深度和冻土带蕴藏着的大量水合天然气，其资源量将大于已知全部化石燃料资源量的总和，正在寻找其适宜的开发技术使之进入工业生产领域。如果这种新工艺技术取得突破，那么这种清洁能源会造福于人类，将会对日益昂贵、污染环境的传统能源进行必要的替代。因此，不从新技术革命的观点来分析未来发展的资源保证，是不可能得出正确结论的。通过采用高新技术合理、综合、科学、高效地利用传统资源，也可以使之用量相对减少。我们要注意当代信息技术、新能源与可再生能源技术、生物技术、新材料技术等各种重要的高新技术对资源前景的开拓与利用方式的变革。

第四章　地学哲学的文化价值

　　古今中外的学者对于"文化"这一概念有诸多论述，迄今仍未形成普遍认同的定义。

　　从思想的角度上看，中国的《周易》有云："刚柔交错，天文也；文明以止，人文也。观乎天文，以察时变；观乎人文，以化成天下。"在这里，"观乎人文，以化成天下"意为用人文来教化天下。这是关于文化最早的释义。"文"，意为"纹理"，引申为"道"或"理"。那么从文化的历史释义中可看出，文化所承载的一方面是诸如"纹理"一类的符号标记，另一方面又蕴含着对于各类学说、学派的道理。在此，已经表明了"文化"蕴含着双重意蕴，既是思想，又是蕴含思想的物质载体，而且具有教化、教导的功能。

　　从社会生活的角度上看，美国人文地理学家索尔（Sauer. Carl. Ortwin）将文化"视为占据某个地区的一个群体的习得性和传统的活动"①，美国地理学家斯宾塞（J. E. Spencer）、托马斯（W. L. Thomas）等人在《文化地理学导论》（Introducing Cultural Geography）中将文化定义为人类习得行为和做事方式的总和。1871 年，英国著名人类学家爱德华·伯内特·泰勒（Edward Burnett Tylor）在《原始文化》一书中提出了狭义文化的早期经典学说，即文化是包括知识、信仰、艺术、道德、法律、习俗和任何人作为一名社会成员而获得的能力和习惯在内的复杂整体。我们当前所讲的文化，既具有历史沿袭之中

---

　　① Sauer C. O. Foreword to Historical Geography [J]. Annals of the Association of American Geography, 1941: 31.

"文化"所具有的深厚内涵，又具有时代变迁发展之中不断增加的新因素。文化有广义和狭义之分。广义的文化可以理解为人类创造的一切物质财富和精神财富的总和，狭义的文化可以理解为包括语言、文学、艺术及一切意识形态在内的精神财富。文化中一般包含着社会、政治、历史、道德等方面的内容。文化反映该民族历史发展的水平，传统文化所包含的优秀文化内涵，对于整个社会的发展、国家的进步都有重要的影响。

从哲学角度上看，价值属于关系范畴。从认识论上来说，价值是指客体能够满足主体需要的效益关系，是表示客体的属性和功能与主体需要间的一种效用、效益或效应关系的哲学范畴。通俗来讲，价值即有用性。这种有用性可以是基于情感的满足，可以是主客体的相互需要。

哲学是一种以抽象的原理、范畴等逻辑形式来反映事物运动的最一般规律的知识体系，它表现着人类认识所达到的最高成果。从文化及文化价值的以上分析可知，哲学与文化之间具有内在的逻辑联系。文化是哲学的背景，哲学是文化的基调，哲学是文化的核心，哲学思维方式的特征制约着文化发展的模式。就这个意义而言，哲学作为一种意识现象，具有内在的文化价值。文化价值既是重要的哲学范畴，又是哲学所具有的属性，任何哲学都可以说是某种文化价值的产物。哲学所指明的价值取向以及对人的指引，构成了哲学在意识形态方面的文化价值；哲学所赖以依托的符号、标志的物质载体，构成了哲学在物质形态方面的文化价值。

美国当代著名文化人类学家鲁思·本尼迪克特（Ruth Benedict）认为，每一种文化模式都存在特定的价值系统，即社会价值和价值观念，它是一种文化的主导特质，决定着文化模式的差异。在这里，文化价值的含义是一定的文化模式中所体现的价值取向。英国社会人类学家马林诺夫斯基（Malinowski）用文化价值指称一种文化能经常地满足人的需要，包括文化需要和生理、心理需要的功能。① 在这里，文化价值体现的是该种文化对于客体的有用性。还有的

---

① 孙美堂. 从价值到文化价值——文化价值的学科意义与现实意义 [J]. 学术研究，2005（7）：44-49，147.

学者将文化价值定义为文化对于人的生存和发展所具有的意义。

总之，文化内在地包含着人文价值，文化价值可以说是文化自身所蕴含着的可以满足客体某种需要的属性。地学的"地"，包含地层、地壳、地形、地貌、地质、地理、地域等诸多与"地"相关的领域，构成了庞大的地学物质体系，同时也产生了丰富的地学知识与地学文化。

第一节　地学哲学的地缘文化价值

地缘文化，是根据各种地理要素和政治格局的地域形式分析和预测世界或地区范围的战略形势及有关国家政治行为的文化表现状态。① 地缘文化研究是地理学的传统领域。从根本上讲，地缘文化探究地理因素（如区位、民族、经济实力等）与国家主体行为之间的关系，特别是地理因素对于国家利益的保障。地缘文化学较为注重一个自然地理区间的文化因素对国家政治决策和对外政策的影响，如全球化时代地缘政治关系的核心要素和驱动机制、沿线国家的国别地理研究等。地缘文化建设毫无疑问将涉及沿线参与各国之间利益的协调，也会影响到国际格局的调整，因而必然也是一个地缘政治格局变化过程。

在当今地缘政治重要性愈加凸显，资源、土地、环境问题日益突出的现实之下，地学哲学的重要性也更加显现了出来。哲学是用以指导实践的世界观和方法论，只有正确运用地学哲学，将其与具体现实相结合，才能发挥其当代价值。地学哲学是地学与哲学的交叉学科，中国的地学哲学是以马克思主义哲学为指导的，研究地球科学及与地学有关工作中哲学问题的一门新兴学科，它是马克思主义哲学的一个分支学科，是一门应用哲学。地学哲学研究的对象是地球客体、地学科学的一般发展规律。也就是说，地学哲学所研究的并不是有关地球客体、地球科学的某些特殊的、个别的、具体的规律，而是对地球客体和地球科学中最普遍、最一般、最本质的规律的抽象概括；同时，地学哲学也不是直接地去研究地球客体，而是经由地球科学间接研究地球客体，从而概括出

---

① 张继国. 论地缘文化 [J]. 社科纵横, 2011 (9): 126-128.

地球客体和地球科学的发展、变化规律。地学哲学的研究内容十分广泛，其核心内容是人类对地球物质客体认识的地球观、地学科学观、地学认识论和方法论。

在全球化时代背景下，国际社会的发展呈现出许多新的趋势，文化因素对于国际秩序、区域一体化以及国家间关系的构建作用日益明显，影响和作用越来越大，此时，地缘文化逐步彰显出其重要意义。

地质工作是为经济建设和社会发展服务的，探索性强。在进行地质工作时，需要处理好当前与长远的关系、近期社会效益与长远效益的关系，尤其要注意中国东部与西部地区之间、中国境内与边境地区之间的地质工作部署关系。

一、"一带一路"中的地缘文化价值

人类的社会实践在认识自然界、利用自然物质的过程中不断地改变、完善着人类自我。所谓的实践、认识、再实践、再认识的过程就是人类不断发展的过程。尽管人类分布于地球的不同地域，但是人类发展进化的过程是基本相同的。然而，由于区域文化的不同，同样的实践活动，却可以得出不同的结果，而这种差异，除了思维方式的差异外，来自地理区域、文化背景等方面的制约也是一个客观存在的事实。①

当前，我国最重要的地缘文化构建便是"一带一路"构想。"一带一路"倡议布局涉及全球约44亿人口，占全球总人口的63%，是一个涉及诸多相互作用的国际行为体的国际化战略，既是一个区域战略，又是一个对外开放战略，它力图把国内的区域发展和对外开放结合起来，沿着古丝绸之路实现对外开放。"一带一路"贯穿亚欧非大陆，一头是活跃的东亚经济圈，另一头是发达的欧洲经济圈，中间的广大腹地国家经济发展潜力巨大。"一带一路"倡议构想是中国改革开放外交实践的最新发展，从理论上来看，它不仅有中国传统

---

① 陈宝国. 实践　积累　创新——关于地学思维的一些简单思考 [M] //创新思维与地球科学前沿. 北京：中国大地出版社，2002：183.

文化的影子，而且是中国当代外交实践的理论抽象，特别是党的十八大外交思想的具体化。因此，"一带一路"既是经济战略，又是外交战略，既是政治战略，又是文化战略，同时还是生态战略。

2015年3月，国家发改委、外交部以及商务部发布了《推动共建丝绸之路经济带和21世纪海上丝绸之路的愿景与行动》，提出要以政策沟通、设施联通、贸易畅通、资金融通、民心相通"五通"为主要内容，打造利益共同体、命运共同体和责任共同体，在公路、铁路、口岸、航空、电信、油气管道等基础设施建设方面实现互联互通[1]。要做到互联互通，就必须加深相互之间的了解，深入分析"一带一路"沿线国家政治、法律、行政、文化、宗教、人口、经济、社会结构和资源环境，以及国家治理结构上的不同，即分析地缘文化。

（一）实现互联互通是"一带一路"倡议的目标

完善基础设施建设，实现互联互通是"一带一路"倡议的一大目标。中国过去30多年的发展主要通过政策的优惠，但是中国的发展是严重不平衡的，东部沿海地区比较富裕，而中西部地区经济社会各方面都落后于东部地区。中国要实现共同富裕，就需要促进中西部发展，目前中西部地区市场化程度相对较低，基础设施落后，交通不便，"一带一路"正好是一个推进西部大开发的契机，又是推进中西部与东部交流的契机，通过资金流、信息流、人才流等，有利于突破东部经济发展的瓶颈，提升中西部在国家发展战略中的地位，优化中国城市群的战略布局。

著名经济学家林毅夫指出，新常态下的中国经济仍有多方面增长动力来源，"一带一路"倡议带动的基础设施投资正是重要经济增长动力之一。原国家发改委主任徐绍史认为，"一带一路"的相当一部分沿线国家都处在工业化、城镇化的进程当中，也都面临着基础设施建设、产业升级等一些经济社会发展的重大任务。中国提出"一带一路"，正好跟这些国家的愿望契合，所以

---

① 国家发改委、外交部、商务部. 推动共建丝绸之路经济带和21世纪海上丝绸之路的愿景与行动［M］. 北京：外教出版社，2015.

共识的程度在不断提高。①"一带一路"沿线国家发展水平差异大，很多国家基础设施非常差，市场不完善，我国基础设施生产技术和设备先进、经验丰富，将为工业化基础比较弱的国家带去新的工业化发展机遇。

目前，在基础设施建设方面，中方与"一带一路"沿线国家的合作已经有了许多进展。如中国与欧盟签署了一项基于"一带一路"倡议的合作框架协议，中国将对欧盟进行更多的基础设施建设投资，这将开辟中欧合作的广阔新领域，为欧洲提供一条非常重要的通道，把中欧的基础设施建设联结在一起。"一带一路"倡议是中国的，但机遇是世界的。提出这一倡议，顺应了亚欧大陆要发展、要合作的普遍呼声，标志着中国从一个国际体系的参与者快速转向公共产品的提供者。

（二）"一带一路"将是对外交流的重要通道

"一带一路"来源于古代丝绸之路。丝绸之路是起始于古代中国，连接亚洲、非洲和欧洲的古代陆上商业贸易路线，最初的作用是运输中国古代出产的丝绸、瓷器等商品，后来成为东方与西方之间在经济、政治、文化等诸多方面进行交流的主要道路。1877年，德国地质地理学家李希霍芬在其著作《中国》一书中，把"从公元前114年至公元127年间，中国与中亚、中国与印度间以丝绸贸易为媒介的这条西域交通道路"命名为"丝绸之路"，这一名词很快被学术界和大众所接受，并正式运用。其后，德国历史学家郝尔曼在20世纪初出版的《中国与叙利亚之间的古代丝绸之路》一书中，进一步确定了丝绸之路的基本内涵，即它是中国古代经过中亚通往南亚、西亚以及欧洲、北非的陆上贸易交往的通道。

陆上丝绸之路起自中国古代都城长安（今西安），经河西走廊、中亚国家、阿富汗、伊朗、伊拉克、叙利亚等到达地中海，以罗马为终点，全长6440千米。这条路被认为是连接亚欧大陆的古代东西方文明的交会之路。而

---

① 卢靖．一带一路完成顶层设计　对接沿线国家发展战略［N］．第一财经日报（上海），2016 - 03 - 07.

海上丝绸之路，指古代中国与世界其他地区进行经济文化交流交往的海上通道。古代海上丝绸之路从中国东南沿海，经过中南半岛和南海诸国，穿过印度洋，进入红海，抵达东非和欧洲，成为中国与外国贸易往来和文化交流的海上大通道，并推动了沿线各国的共同发展。

自1978年对外开放以来，中国已经形成了全方位的对外开放格局，但是这种开放格局主要是引进外资形成的，这对中国的产业发展是有贡献的，但是今天中国资金雄厚，可能不只是要利用外资，更重要的是让中国的资金在国际市场上活跃起来，让中国的技术"走出去"。例如，中国的高铁技术在技术水平、造价、开放成本等方面都有优势，就可以通过"一带一路"倡议"走出去"，适应经济全球化新形势，推动对内对外相互促进，促进国际间要素有序自由流动，资源高效配置，市场深度融合，加快培育参与国际经济合作竞争新优势，以开放促改革。

"一带一路"是一个以"互联互通"为主旨，以政治、经济、文化、外交、生态等全方面参与融合为内容的过程，"一带一路"建设是沿线各国开放合作的宏大经济愿景，需各国携手努力，朝着互利互惠、共同安全的目标前进，找到我国与沿线国家的契合点，并加快出台相关政策，提供有效的政策支持和公共服务，保护企业"走出去"的积极性，切实维护中国企业的海外利益。

"引进来"与"走出去"是中国对外开放的两种基本模式，"一带一路"倡议通过"一带一路"建设中资源与商业模式的整合与拓展，既要实现产能转移，又能加强基础设施建设，同时打通与沿线国家贸易交流的通道，开辟中国对外开放的新形式，有利于多角度、多层次地提高中国对外开放水平，有效利用外资，使中国的资金在国际市场活跃起来，流动起来。

(三)"一带一路"将有助于我国在全球化中谋求双赢

经济全球化是资本主义经济发展的结果，是在不公平、不合理的国际旧秩序下形成和发展起来的，在其中占有主导地位和绝对优势的是西方发达资本主义国家。在这样一种特定的、不可逆转的经济全球化浪潮中，如何建设有中国特色的社会主义，实现中华民族的伟大复兴，推动世界文明发展进程，是我们党和国家面临的一项重要课题。正如习总书记所说，"我们党要科学的判断和全面把握国际形势的发展变化趋势，正确应对世界多极化和经济全球化以及科技进步的发展趋势，妥善处理影响世界和平与发展的各种复杂和不确定的因素，抓住用好重要战略机遇期，在日益激烈的国际竞争中牢牢掌握加快我国发展的主动权。"①

冷战结束以后，世界大国之间相对稳定，在诸多方面进行合作，但是相互之间的隔阂没有消除，依然存在着地缘博弈的态势，世界范围内的地区冲突和小国冲突依然存在，且伴随着分裂主义、极端主义、恐怖主义等全球化的负面影响，但是全球市场体系不断发展，各国利益交织，利益依存度越来越高。随着传统安全问题的逐渐退潮，非传统安全问题越来越成为各国利益的最大危害，例如环境保护、气候问题、恐怖主义等，这些问题具有跨国性、不可预测性的特点，如果不及时治理就会波及他国乃至世界。

"一带一路"的核心区域主要是上海合作组织和东盟覆盖的区域，这两大地区深受恐怖主义之害。恐怖主义的根源很多，贫困是经济根源，因此"一带一路"倡议构想以及由此带来的经济发展将是治理恐怖主义的经济手段。

经济全球化对于处于发展中的我国来说，既是机遇，又是挑战。我们要正确判断、深刻认识和平、发展、合作、共赢的时代潮流，坚定不移走和平发展道路和独立自主的外交政策，既敢于参与这种经济全球化条件下的国际竞争与合作，融入全球化发展的潮流，学习借鉴西方发达国家先进科学技术和管理经验，又清醒认识并防范不利因素与风险，趋利避害，不断增强抵御和化解各种风险的能力。"一带一路"是中国为推动经济全球化深入发展而提出的国际区域经济合作新模式，不仅将对中国社会经济发展与全面对外开放产生深远的历史影响，而且也会对沿线国家的经济发展产生积极的带动作用，并对国际经济格局变化产生推动作用。实施好"一带一路"发展倡议，在遵守、利用经济全球化规则的过程中积累经验，积极主动修改和制定规则，把握更多的主

① 习近平党校十九讲［M］．北京：中共中央党校出版，2014：35.

动权。

另外，中国的安全利益也主要分布在这里。美国解除对伊朗的制裁，中国边境地区整体状况处于历史最好时期，邻国与中国加强合作的意愿普遍上升。当今中国外交思想逐步成熟，其核心内容是韬光养晦，永不当头，目标是为国内经济建设营造一个和平稳定的国际环境。在新时期，非传统安全问题的凸显促使中国外交思想做出了相应的调整，树立了新的安全观，使中国加强非传统安全领域的重视，更加关注合作，并在合作中谋求双赢。

二、运用地学哲学促进"一带一路"倡议的实施

地缘关系在我们的生活中是十分重要的社会关系。由于自然环境的差异，地缘关系往往对人的社交产生着重要的影响。而对于我们最重要的地缘关系便是家乡和祖国。地学哲学和地学文化中包含的地理知识和人文地理，正是唤起人们家国意识的重要组成部分。文化的漠视和消退将导致文化系统的断链，从而引起人们的角色适应困难，而地学哲学将对此进行适当的修正和补充。积极正面的地缘关系的引导，将对人们产生重要的正面作用。再者，当地的地理及社会环境中产生的具有独特形态的文化，也是地缘文化中精彩纷呈的部分。

"一带一路"倡议是党中央统揽全局的重大决策，在全面建成小康社会的关键时刻，"一带一路"倡议对于促进东、中、西部地区经济协调发展、进行供给侧改革、加强各民族团结繁荣、维护社会稳定、巩固国家边防和国土安全，都具有十分重要的现实意义和深远的历史意义。实施"一带一路"倡议，需要克服重重困难，其中很重要的就是要进行资源的充分勘探和利用，进行地学科学新发现，其中，要正确运用马克思辩证唯物主义的观点和方法，处理好"一带一路"倡议实施中的若干矛盾关系。

（一）坚持科学发展的观点

中国幅员辽阔，在这辽阔的疆域内，如何部署"一带一路"，如何科学地进行规划，进行重点有次序的工作，是需要解决的一个实际问题。"一带一路"深刻地体现了哲学中发展的观点。发展的观点即一切事物都是运动变化

发展的，要求我们要以发展的眼光看待问题，发展的实质就是新事物代替旧事物。发展的观点要求我们要以发展的角度看待问题，与时俱进，积极培养创新精神，促进新事物的成长。发展是前进性与曲折性的统一，"一带一路"是新事物，在"一带一路"的实施过程中必然会遇到许多挫折，但是新事物发展的前途是光明的，道路是曲折的，要求我们要对未来充满信心，同时也要做好充足的思想准备，不断克服前进道路上的困难，客观地对地质条件进行分析，科学地部署进一步的工作。

"一带一路"倡议是一个巨大的系统工程，可发展的产业很多，涉及的范围很广。我国的矿产资源十分丰富，但是受一定的地质条件制约，矿产资源的分布具有不均匀性和区域性，有些资源的开采难度大。但是并不是说我们会面对目前的境遇而止步不前；相反地，随着找矿、采矿技术的提高，我们是可以进一步认识到更多的矿产和矿藏的，加上"一带一路"倡议的实施和发展，国家对于西部的开发力度进一步加强，采、选、冶和综合利用的技术也会逐步提高，因此我们可以说，要坚持用发展的眼光看待地质，用发展的眼光来看待"一带一路"。

目前来说，我国的经济建设和社会发展取得了很大的成就，但是我国东、中、西部发展是不平衡的，西部地区经济发展水平较低，一些地方特别贫困落户，生态环境十分脆弱，要实现发展不是一朝一夕的事情，需要长远规划统筹，因此，在进行具体的落地时，要注意近期效益和长远发展之间的关系，既要有目标，又要分阶段，有步骤地推进落后地区的人口、资源、环境、经济、社会的协调发展。从长远来看，要加强基础设施建设和生态环境建设，加强人才培养，提高科技水平，为未来发展创造条件。我国西部地区矿产资源丰富，但是人才资源较为缺乏，需要有一定的人才支持，对西部发展才能有很好的促进效果。同时，也要注意保持当地生态环境及当地民族文化特色，用发展的观点来促进西部地区的可持续发展，既要重视近期效应，又要重视长远发展。

（二）坚持普遍联系的观点

"一带一路"沿线国家与我国有着深厚的文化渊源。随着时代发展，丝绸之路成为古代中国与西方所有政治、经济、文化往来通道的统称。历史上，多种文明、宗教、众多民族通过丝绸之路相互交流对话融合。"一带一路"倡议构想最重要的就是复兴古丝绸之路的经济繁荣，特别是亚洲中部腹心地带的经济繁荣和社会稳定。历史上天主教、基督教等从陆上丝绸之路和海上丝绸之路两个路径传入中国，西方传教士把西方文化传入中国，又把中国文化传入西方，"一带一路"与伊斯兰国家关系紧密，沿线60多个国家中有30多个是伊斯兰国家，同时"一带一路"沿线还是中国佛教文化灿烂辉煌的地区。此外，中国部分少数民族地区与中亚各国山相连、水相通、人同族，语言、文化、风俗、信仰、自然资源禀赋相同或相似，经济社会发展水平相当。可以说，"一带一路"沿线国家虽然拥有不同文化、种族、肤色、宗教和不同社会制度，但是经由"一带一路"，各国人民形成了你中有我、我中有你的共识。

"一带一路"沿线国家与我国资源互补。在经济全球化的时代，资源具有开放性。"一带一路"旨在打通与周边国家的通道，输出优势产能，化解国内钢铁、水泥、煤炭等产能过剩的问题，优化资源配置，同时力图走出环境、人口、资源的不平衡限制，避免"中等收入陷阱"。我国传统产业，比如钢铁、煤炭、水泥、房地产行业等产能过剩，新兴产业的成长不足是中国经济这几年的核心问题。我国油气资源、矿产资源对国外的依存度高；同时，环境、粮食、人口等重大问题深深困扰着我国的发展。"一带一路"沿线国家自然资源十分丰富，从要素配置和技术水平等方面总体来看，我国与"一带一路"沿线国家在矿产资源领域的合作具有很强的互补性。例如，铜、镉、镍等矿产是我国目前所紧缺的矿产，同时它们是丝绸之路经济带某些国家的优势资源，因此在这一领域，我国与"一带一路"沿线国家合作的前景广阔，潜力巨大。这便为中国在转型时期的发展和经济贸易提供了基础和空间。利用"一带一路"倡议计划实现资源优化配置，就是要研究如何利用国内外两个市场两种资源的问题。在立足国内已有资源的基础上，要更加善于利用其他国家的资源，本着与其他国家互通有无、互利共赢的原则，推动境外资源的勘查与开发。"一带一路"不仅是外交战略，我们更多的是能通过融入既有的国际秩序来获得更大的利益和更多的发展机会，从而优化资源的配置。

"一带一路"倡议充分体现了事物处于普遍联系中的观点。正确理解这个战略，不但需要深刻认识丝绸之路的文化内涵以及经济全球化发展的大趋势，还要科学认识"一带一路"的空间内涵，特别是其空间多重性。为"一带一路"建设提供科学支撑是当前和今后相当长一个时期的国家重大战略需求。由于这个战略蕴含着丰富的地理内涵，因而为中国地理学的发展提供的重大机遇，将推动地缘政治、世界地理、外资理论、交通运输组织等领域的研究和创新。"一带一路"需要不同文明的和谐包容，"一带一路"倡议以丝绸文化为基础，促进我国与周边其他国家的文化交流，打造中国的负责任大国形象，树立命运共同体意识，摒弃狭隘的国家利益观、安全观，摒弃文化、宗教、民族的原教旨主义倾向，摒弃强权政治和霸权主义，尊重不同的文明成果，增进文明的交流，文明因交流而多彩。

（三）运用矛盾分析法具体问题具体分析

"一带一路"规划作为中国复兴历史上丝绸之路贸易通道的战略，为国内企业的海外扩张提供了巨大机遇，但其中相伴而来的风险也不容忽视。这些地区可能对于中国的对外关系具有重要的战略意义，但由于政治、经济以及监管等原因，其运营环境会充满挑战。比如深陷战火的阿富汗和伊拉克的投资风险很大；哈萨克斯坦广泛的民众抗议可能导致其政治日趋民族主义，影响政治稳定性；越南的法律和监管风险，外国企业可能在合同纠纷案件中受到地方法院的不公正判决；马来西亚的劳动力市场——劳动力短缺问题可能会持续等。因此不要急功近利，一定要加强"一带一路"的风险评估，具体问题具体分析，充分关注到不同的地缘文化会给不同的行为体带来相异的意识、价值观和思维方式。

从地理上看，中国的海上丝绸之路和陆上丝绸之路与民族宗教矛盾复杂、热点问题众多的"世界动荡之弧"有着较高的空间吻合性。在冷战期间，由于美苏战略均势，这些地区总体上相对稳定，矛盾基本上处于潜伏和休眠状态；但冷战结束以后，尤其是2008年国际金融危机爆发以来，亚太地缘战略格局和安全环境发生了深刻变化。在美国等西方国家的蓄意渲染和推波助澜下，许多矛盾被唤醒并开始集中爆发，使原本不安的地区政治局势更加趋于动荡，从而为中国的"一带一路"建设带来诸多风险。具体而言，沿海上丝绸之路方向，在缅甸有克钦族、果敢族与主体民族缅族的矛盾，在斯里兰卡有泰米尔人与主体民族僧伽罗人的矛盾，在巴基斯坦有信德人、俾路支人与主体民族旁遮普人的矛盾，这些矛盾已分别在不同程度上对中国在当地的一些项目造成干扰。而在陆上丝绸之路方向上，中亚的民族宗教问题更为复杂，特别是民族跨界现象较为普遍，民族与宗教问题常常纠缠在一起，这些矛盾也已在不同程度上影响到中国与当地国家的经济合作。

（四）树立正确义利观

中国传统文化中所秉持的义利观也是我国提出"一带一路"倡议的文化基础。儒家大师都曾有过相关的言论。孔子说过："君子喻于义，小人喻于利。"（《论语·里仁》）孟子也曾说：不义之利"不苟得。"习近平主席更是"倡导合作发展理念，在国际关系中践行正确义利观"，指出"世界上有200多个国家和地区，2500多个民族以及多种宗教。如果只有一种生活方式，只有一种语言，只有一种音乐，只有一种服饰，那是不可想象的。对待不同文明，我们需要比天空更宽阔的胸怀。""'一带一路'建设，倡导不同民族、不同文化要'交而通'，而不是'交而恶'，彼此要多拆墙、少筑墙，把对话当作'黄金法则'用起来，大家一起做有来有往的邻居。"并说，"国不以利为利，以义为利也。"在国际合作中，我们要注重利，更要注重义。只有义利兼顾才能义利兼得，只有义利平衡才能义利共赢。"一带一路"沿线各国人民的人文交流与文明互鉴，构成了各国之间的文化基础。

在市场经济条件下，市场经济主体以追求经济利益、获利盈利为主要目标。求利本身是无可非议的，但求利的方式正当与否则是一个法律与道义的问题。市场经济虽提倡自由，但其同时也是一种法治经济，是一种规范经济，企业、个人只有在法律、规范许可的范围内从事生产经营活动，其所追求的经济利益才能受到保护，否则只会损人又不利己。"义然后取"才是获利之正道，对周边和发展中国家，一定要坚持正确义利观。只有坚持正确义利观，才能把工作做好，做到人的心里去。政治上要秉持公道正义，坚持平等相待，遵守国际关系基本原则，反对霸权主义和强权政治，反对为一己之私损害他人利益、破坏地区和平稳定。对那些长期对华友好而自身发展任务艰巨的周边和发展中国家，要更多考虑对对方有益的发展政策，不要损人利己、以邻为壑，转嫁危机。

第二节　地学哲学的创新文化价值

地学哲学研究，在许多方面都对地学发展很重要。其一，转变地学思维方式。现代地学以机械论分析性思维为特征，强调对地球各部分要素的认识和利用，具有一定的局限性。此时应注意多元性、整体性的地学思维方向转变。其二，在价值论方面，在确定人有价值的基础上，肯定地球对人类的商品性和非商品性价值，肯定地球作为生命维持系统的本身的内在价值。① 整个创新理论的起源可以追溯到当代西方著名经济学家美籍奥地利人约瑟夫·阿洛伊斯·熊彼特（J. A. Schumpeter，1883—1950），他通过对经济发展的深入观察，划时代地提出了创新是经济增长最重要的驱动力的论断②。自主创新是表征一个国家综合国力的核心，一个国家只有拥有强大的自主创新能力，才能在激烈的国际竞争中抢占先机、赢得主动。尤其是在关系国民经济命脉和国家安全的重要领域，真正的核心技术、尖端、前沿技术是买不来的。我们高举中国特色社会主义伟大旗帜，贯彻科学发展观，加快推进社会主义现代化，是前无古人的创举，要实现这一目标，没有现存的模式可循，必须靠自主创新。

地学是现代科学技术与野外地质调查和综合实验研究相结合的多学科、多种技术交叉融合的一门迅速发展的学科，具有较强的实践性和综合性；同时，唯有创新才能不断地推动地学的发展。因而地学哲学在推动地学学科和地学文

---

① 余谋昌：适应生态文明的哲学范式转型［N］. 人民日报，2017 - 11 - 27 (16).
② 叶育登，方立明，奚从清. 试论创新文化及其主导范式［J］. 浙江大学学报（人文社会科学版），2009 (3)：87 - 93.

化创新方面具有极大价值。

一、创新地学思维

恩格斯在《自然辩证法》中曾指出，"每一时代的理论思维，从而我们时代的理论思维都是一种历史的产物，在不同的时代具有非常不同的形式，并因而具有非常不同的内容。"创新思维是指以新颖独创的方法解决问题的思维过程，通过这种思维能突破常规思维的界限，以超常规甚至反常规的方法、视角去思考问题，提出与众不同的解决方案，从而产生新颖的、独到的、有社会意义的思维成果。恩格斯说："一个民族想要站在科学的最高峰，就一刻不能没有理论思维。"① 辩证的思维是当代理论思维的哲学精华。地学思维是地学认识与地学实践及发展的必然产物。地学思维是表征地学实践和地学认识活动的一个基本概念，是对地学认识在不同形成阶段运用多种认识形式而最终产生的基本过程的哲学思考和描述。

创新思维是人类特有的思维方式，是辩证思维的一种特殊的思维形式。要树立创新思维就必须与那些阻碍科学创新和创新思维的各种因素作斗争，只有这样才能推动科学或地学不断地发展。恩格斯在《自然辩证法》中指出："经验的自然研究已经积累了庞大数量的实证的知识材料，因而在每一个研究领域中系统地和依据其内在联系来整理这些材料，简直成为不可推卸的工作。同样，在各个知识领域之间确立正确的关系，这也是不可推卸的。于是，自然科学便走上理论领域，而在这里经验的方法不中用了，在这里只有理论思维才管用。但是理论思维无非是才能方面的一种生来就有的素质。这种才能学院发展和培养，而为了进行这种培养，除了学习以外的哲学，指导现在还没有别的办法。"②

（一）中国传统地学哲学中的思维方法

中国古代先哲普遍善于从"天""地""自然"等具象的生成、运动、变

---

① 白屯. 地学思维论纲 [M]. 北京：中国科学技术出版社，1995：9.

② 马克思恩格斯选集（第4卷）[M]. 北京：人民出版社，1995：284.

化中做出体悟,谓之"格物致知"。中国传统地学对事物缺乏严格的分析性的概念、定义,因而缺乏归纳、演绎等逻辑形式,而采取了"援类比物"或"比类对象"的非逻辑形式。① 所谓的"象",不仅指事物的现象,还赋予了更多的感性内容,如"五行"中的"金、木、水、火、土"、"六气"中的"风、寒、暑、湿、燥、火",而"阴阳"这类大象,则是对大量现象的高度凝练和总结的结果,最终凝练的宇宙最高的本体"道",也是理性和感性相统一,"道之为物,惟恍惟惚。惚兮恍兮,其中有象;恍兮惚兮,其中有物。窈兮冥兮,其中有精;其精甚真,其中有信。"又进一步说,"有物混成,先天地生。寂兮寥兮,独立而不改,周行而不殆,可以为天地母。吾不知其名,强字之曰道。"② 这是一种以某种模糊的一致来进行认识和概括的方法,中国古代常运用此种思维方式来进行结构和解构。

此外还有一种"心悟"的思维方法。这是以自我身心的各种感受了解为基础,通过形象比喻,达到对事物之间关系的整体把握。朱熹在解释格物致知时说,"是以大学始教,必使学者即凡天下之物、莫不因其已知之理,而益穷之,以求至乎其极。至于用力之久,而一旦豁然贯通焉。则众物之表里粗精,无不到,而吾心之全体大用,无不明矣。""格物"也就是"与事物直接接触而穷究其中之理,从事物的整体形象上悟出事物的本质和内在联系"③。这对于地学的研究来说,是一种有益的启示,但同时这种缺乏精确性和系统性的思维方法,也有其局限,在当代地学科学研究中,只能将其作为辅助方法。

农业产生以后,人类开始有意识地改造自然,但依然受制于自然力。随着时代的发展与历史的进步,人们逐渐开始认识地理和地质,逐渐探讨地球文化,形成了灿若繁星的地理著作。如《山海经》《尚书·禹贡》《汉书·地理志》《水经注》等。我国历史上有很多著名的地理学者,他们有的旅游行走,实地进行地理地质考察,如徐霞客,对地理、水文、地质、植物等现象进行详

---

① 段联合,徐继山,中国传统地学中的文化解读 [M] //地学哲学与地学文化. 北京:中国大地出版社,2008:361.

② 老子·二十章.

③ 雷援朝,段联合,彭建兵. 地质学思维 [M]. 西安:西安地图出版社,2000:140.

细记录，并阐发出一系列对于地学的独特见解；有的善于观察和总结，如北宋科学家、政治家沈括，从《梦溪笔谈》中可以看出，沈括在观察、实验、推理、思维等方面都具有自成一派的较为科学的地学理论思想，能以唯物的、否定的、批判的、辩证的态度和思想来进行地学创新和研究，并在前人的基础上进行归纳和总结；有的在军事中巧妙地运用了地学，如春秋末期孙武名著《孙子兵法》中的《地形篇》，针对不同地形条件下的军队行动进行了深入地研究，对因地制宜的思想在战争中的应用给予了极高的评价；有的通过参与历代统治阶级的自然崇拜活动，广泛地搜集地学资料，诸如西汉司马迁、汉代的王充、北魏的贾思勰、宋代的范成大等人都对中国古代地学、古代气象知识等研究做出了重大贡献。

古代尚未系统梳理地学哲学体系，但是从各个地理著作中都可以散见到丰富的地学文化知识。在改造自然的过程中，不同的民族文化区域、不同的生产生活方式，具有各自的针对自然界的法则，形成了独特的结构和体系，最终成为某一地学文化，烙上了某一地学思维的印记。

（二）西方地学哲学思维方法

思维方法对于科学研究来说有着举足轻重的作用。当代地学科学理论中产生了许多科学的、现代的思维方法。大多数专家认为，创新思维是一种能产生前所未有的思维成果、具有崭新内容的思维，是人类思维形式的最高表现形式，是人类进步、科技发展的动力。

远在古希腊，亚里士多德就探讨过科学发现的一般规律问题，提出了最早的科学发现的逻辑模式，这便是直觉归纳和演绎溯因相结合的模式。他认为科学发现始于观察，进而运用归纳法从经验事实中归纳出解释性原理，然后再以这些原理为前提，演绎出一个个具体结论。而对于事物规律性的认识，即解释性原理是怎么被归纳出来的，他认为是通过"直觉归纳"自生出来的。由于亚里士多德的时代，人们关心的是如何从那些公理中演绎出具体事实的陈述，故把科学发现的模式主要归结为演绎。

近代以来，弗朗西斯·培根提出了归纳主义的科学发现逻辑模式，指出科学原理、科学发现不是对事实的简单概括，而是通过逐步的、渐进的归纳和排除法，才能揭示事物的本质和规律，并上升为一般原理，并且他认为只有归纳法才是科学发现的唯一正确理论。

与培根的归纳主义科学发现逻辑相反，以笛卡尔、斯宾诺莎为代表的演绎主义者，主张把演绎法作为科学研究、科学发现和认识真理的主要方法。他们认为，发现一般原理是伟大的发现，而从一般演绎出定理也是一种伟大发现。

19 世纪，又出现了假设主义的科学发现的逻辑模式。他们认为，在科学研究中，为了解释现象，科学家必须首先要进行假设，然后从假设演绎出可由经验进行检验的结论，并用实验来进行验证和检验。他们把发现和证明分开，一方面，强调形成假设中发明和创造的重要性，强调理性和演绎在科学发现中的作用；另一方面，又强调由假说得出的结论要用实验来检验，检验假设的最终标准是与经验事实的对立。

从这些逻辑思维模式中我们可以看到，这些哲学家都对逻辑进行了严密的思维，企图通过某种纯逻辑的、纯形式的、固定不变的机械发现程序和方法，做出科学发现。这些模式大都依赖于直觉和灵感，而对现实中的科学发现来说，具有一种固定的模式进行科学发现是很难得，因为受到诸多客观环境的影响，学科研究需要克服种种困难，才能得以实现。而在这些客观环境中，主观研究者的思维方式显得尤为重要，此时不仅需要依靠长期以来的逻辑训练，同样需要突发的灵感和直觉。

（三）当代地学哲学创新思维

当代的思维方法，是总结中西方思维方法的利弊综合而得来的。

如辨义思维法，指通过思维来发现除了平时所了解的事物的其他含义；转换思维法，指通过设身处地或者转换环境等方式，来从不同的角度来进行思维；同理思维，即透过现象看本质，从不同事物中寻找其相似点和相通点；发散思维，即跳脱事物本身的界限，对事物进行抽离和回溯，从而探寻事物更多的可能性；反证思维，即指在正向角度进行思考得不出结果时，可从结果反推条件，一一进行排除，从而得到充分证明。此外还有突破定式法、辐射发散法、直觉思维法、头脑风暴法、超常规思维法、抓住机遇法、形象思维法、灵感思维法等。在地学科学研究中，要注意重点和系统的统一。地学研究中充满了特殊性，一般科学研究都需要一个长期而艰辛的过程，还要依靠艰苦的野外考察，如果仅限于特殊性，而忘了整体性和系统性，那么只会陷入其中而无法得出有价值的研究。

直觉、灵感等思维方式不具有十分严格的逻辑形式结构，它们的出现也往往表现为偶然，但是它们又并非毫无逻辑可言，呈现出不完整性、跳跃性的灵感和直觉，往往是科学家研究某一问题时，在某一时刻受到一定条件的诱发而突然洞察问题的一种顿悟，是在原有思维之上的一种飞跃。在地学研究中，这种思维方式是以一定的理性材料作为基础的。同样地，地学研究中所要探讨的地学内部结构、方法和一般规律，本身既需要大量的逻辑思维，同时也需要灵感和直觉来进行思维的创新和发散。地学研究也不存在一成不变的、普遍使用的思维方式，而是逻辑与非逻辑的统一、思维与实践的统一、经验与实验的统一。

地学研究受主客观因素多方面的影响，使得地学发现过程极其复杂。在进行地学研究时，侧重于地学发现的主体认识和思维发展方面，也就是着重在揭示和研究地学假说、地学理论的形成、发展和检验方面。地学研究之中，常用的逻辑思维方法和逻辑模式，是多元方法和多元逻辑模式的综合运用，包括直觉的洞察和灵感的迸发、想象的发挥和模式的构造、类比的跨接和思路的外推、归纳的概括与假设的探索、演绎的联结与溯因的沟通，分析的还原与系统的综合等。①

地球科学是建立在观察实验基础上的科学，归纳演绎法在地学研究中占据重要地位；同时，假说演绎法也经常发挥其巨大的思维价值。在地学观察的基础之上，根据已有的地学事实和理论，进行大胆的推测和假说，并由此做出一定创造性的探索研究，这对于地学发展具有重要的意义。

---

① 王恒礼. 地学发现的逻辑探讨［M］//创新思维与地球科学前沿. 北京：中国大地出版社，2002：181.

二、创新地学理论

创新思维是指以新颖独创的方法解决问题的思维过程。而地学文化是一种力求打破常规，不断从不同角度来进行思考，并且加以实践，提出独特的解决方案，以实践来检验真理的文化，地学理论是地学认识与地学实践及发展的必然产物，只有不断创新和发展，地学理论才能源源不断地产生活力。

在这一方面，原中国人民政治协商会议第八届全国委员会秘书长、原地质矿产部部长朱训同志为我们做出了表率。在其44年的地矿工作中，朱训同志理论联系实际，敢于创新，提出了地学哲学领域中的创新理论——阶梯式发展论。

"阶梯式发展论"是朱训同志在长期的地质勘查实践中、在找矿哲学的基础上，根据地质找矿的阶梯式发展原理，运用马克思主义哲学观提炼出的重要理论观点，使阶梯式发展由自然科学上升为社会科学。这一理论阐述了客观物质世界运动和人类认识过程不是简单的直线上升式发展，发展是有阶梯性的，是从一个台阶上升到一个更高的台阶，各个台阶间的界限是分明的，在一般情况下，阶梯是不可跨越的。它具有以下几个特点：一是阶梯式发展是一个上升的、前进的运动过程，发展是不平衡的，是曲折性与前进性的统一；二是阶梯式发展上升阶段之间都是质的飞跃，是一个量变与质变的过程；三是阶梯式发展在认识的每个阶段上，都包含着实践—认识—再实践—再认识这样的循环上升过程。它是马克思主义哲学关于量变质变规律的中国式表达，它是指导地矿事业科学发展的理论指南。

（一）创新地学研究方法

地球物质客体与地质作用之间常常是多因子的综合，这种综合作用造成了地球物质客体的复杂性，而这种复杂性又决定了地学方法的多样性与信息获取渠道的多种性。人们可以分领域、分侧面、分阶段地获取信息，但最后形成科学认识，就必须采用辩证综合方法，把多种信息综合而成科学知识。

迄今地球科学研究的主流，是分门别类和专门化研究，在中国古代论述中，少见方法论述，然而深入探究发现，整体观方法论是中国传统文化中的一大方法论。若将中西方研究方法相结合，进行深入的整体性研究，从而可创新地学研究方法，将对突破地学中的许多难点研究有重要的推动作用。正如王子贤等所说，地学方法的产生与发展是由地学的任务及其历史条件所决定的，同时，一种新方法的出现又会影响地学的发展。长期以来，传统的地学方法占据了地学工作的大部分，如观察、实验、溯因法、岩相分析法、地层古生物法等。

科学的本质就是创新，而创新需要科学的方法来进行指导，地学哲学便是指导地学发展的科学方法论。方法的转变，可能会带来研究思路和角度的转变，从而带来更多的创新。

现代地学系统思维认为，自20世纪后半期以来，地学研究的范式发生了变化。第一个是地球科学研究的系统性出现了由学科小系统到科学大系统的根本转变。第二个是地球科学系统研究的对象系统出现了由非生命科学系统到把非生命科学系统与环境和生命科学系统相结合的转变。第三个是地球科学研究出现了由关注自然大系统到关注自然和社会两大系统的转变。第四个是现代地球科学研究从以前的简单系统深入复杂系统的转变。

随着地学研究范式的转变，面对当今地球复杂系统的研究，要求科学家重组科学的固定分野，实现跨越不同学科的大整合，从而促进多学科研究方法的交叉和融合。① 因此，现代地学研究更加广泛地与当代科学技术和社会相互作用、相互借鉴，并从中吸取大量的现代科学研究方法，如非线性研究手段和方法、社会科学的研究方法。我们可以常常看到，耗散理论、协同理论、分形理论等研究基础理论处理地球科学问题的例子。目前，地学研究方法出现了新的特征，如广泛性，不同学科的研究方法已经广泛用于地球科学的研究，并且取得了一定的成果；如工具性，目前科学家结合计算机等新兴工具，综合信息科学等领域，取得了较好的效果；如参与性，随着资源问题、环境问题、气候问题的普遍化、全球化，越来越多的学科参与到了地球

---

① 白屯. 论现代地学系统思维的理论创新 [J]. 系统辩证学学报，2003（2）：48－52.

科学研究之中，研究方法便也不再单一，有的专业地学研究方法在某一类问题中的作用不再是核心性，而是和其他方法一起，成为共同运用、共同进行研究的方法，现代地球科学研究方法逐步与社会科学研究方法相结合，共同推动科学问题的研究和发展。

此外，随着现代地学研究方法逐步前沿化、尖端化，地学研究者决策能力和理论也更加被人重视。从现代地球科学的研究全过程来看，当今的地学研究越来越趋向于哲学的选择和研究战略的科学与正确。

（二）创新地学应用领域

地学哲学不仅是为地学服务，同样也为社会生活服务。从古至今，地学在军事、政治等方面的应用已经得到了重视。例如，在古代，献上地图的意义就是完全的归属，土地所有权的转变就是通过这种方式来实现的。当然，在我国古代的经济发展过程中，地学和军事行动之间同样存在着密切的关系，各种地形对最终的战斗成果有直接的影响。这种影响集中表现在地学与军事的密切关系上，主要表现在地图、地形、气象等方面。对于这一点，我们可以从古代的兵书中看出来。如春秋末期孙武的《孙子兵法·地形篇》，针对不同地形条件下的军队行动进行了深入的研究，对因地制宜的思想在战争中的应用给予了极高的评价。在战国中期孙膑的《孙膑兵法》中，同样重点强调了城市地形对于作战的影响作用，气象与军事的关系同样在古人的研究中有所体现，在《孙子兵法》中已有"火发上风，无攻下风"的论述。

实际上，地学研究对于我国的整体政治经济的发展所具有的重要意义，不只上文中提及，随着经济全球化以及区域一体化进程的加快，地学的应用领域将更加宽广，因此，应积极拓宽思维，积极探索如地学、经济、军事、政治、科技等各个学科之间的综合应用，打破思维固化带来的局限性，创新地学的应用领域，充分发挥地学在当今社会的重要作用。

在近代科学的发展之中，物理学起到了重大的作用。在这样的背景下，我们可以发现，在地学研究中，物理学、化学、生物学、天文学、环境科学等学科都是可以综合运用于地学研究之中的，20世纪70年代以来，由于资源、能源、环境、灾害等问题日趋严重，天文、地球、生物、人类等方面的史学探索得到了空前的重视和发展，复杂性研究迅速崛起，交叉学科、综合学科、系统科学大量发展，这些成果的发现，扩大了地学哲学的应用领域。

第五章　地学哲学的社会价值

第一节　地学哲学的和谐社会价值

一、和谐社会的提出及其价值

（一）和谐社会的提出

2004 年 9 月，党的十六届四中全会《中共中央关于加强党的执政能力建设的决定》（以下简称《决定》）提出了执政能力的五大任务，其中明确指出将构建社会主义和谐社会的能力，作为党的执政能力。党的十六届四中全会通过的《决定》，第一次鲜明地提出和阐述了"构建社会主义和谐社会"这个科学命题，并把它作为加强党的执政能力建设的五项任务之一提到全党面前。2005 年 2 月 19 日胡锦涛在中央党校举办的"省部级主要领导干部提高构建社会主义和谐社会能力"专题研讨班上发表重要讲话，全面阐述了构建社会主义和谐社会的时代背景、重大意义、科学内涵、基本特征、重要原则、主要任务等。

构建社会主义和谐社会的战略任务，是我们党主动提出来的。这种主动性突出表现在，它是我们党以科学发展观为指导，适应全面建成小康社会的要求，科学总结改革开放和现代化建设的经验，立足中国社会主义初级阶段基本国情特别是中国经济社会发展进入关键时期所呈现的一系列新的阶段性特征，是为了解决全面建成小康社会实践中出现的新情况、新问题而提出来的。它的提出，丰富了马克思主义关于社会主义社会建设的理论，反映了中国共产党对中国特色社会主义事业发展规律的新认识，也反映了我们党对执政规律、执政能力、执政方略、执政方式的新认识，为我们紧紧抓住和用好重要战略机遇期、实现全面建成小康社会的宏伟目标提供了重要的思想指导。

（二）和谐社会的价值

构建社会主义和谐社会，是中国共产党对马克思主义社会建设理论的新发展，是对人类追求美好社会理想的新贡献。

马克思、恩格斯在批判继承空想社会主义思想成果时就曾明确指出，提倡社会和谐是他们关于未来社会的积极的主张，他们把未来的和谐社会称为"自由人联合体"，即共产主义社会。共产主义社会是和谐社会达到的最高境界，即每个人的自由发展是一切人的自由发展的条件。

提出构建社会主义和谐社会，是中国共产党对社会主义认识的深化，符合人类历史发展规律的要求，是党的又一重大理论创新。20 世纪六七十年代以来，随着世界范围内社会问题的日益突出，人们开始探索经济发展与社会进步之间的内在联系。继联合国提出《人类环境宣言》和"人类发展指数"理念之后，一些国家（如北欧国家）提出了"社会和谐"的理念。在此基础之上我国提出构建和谐社会，努力使当代人类20% 以上的人口进入和谐状态，这不仅对丰富和发展马克思主义社会建设理论做出了新贡献，而且也将对当代人类追求美好社会理想做出新贡献，这一理念的提出对全人类都具有重要意义。

构建社会主义和谐社会，是中国共产党从全面建成小康社会、开创中国特色社会主义事业新局面的全局出发提出的一个奋斗目标，适应了我国改革发展进入新时代的客观要求，体现了广大人民群众对美好生活的向往和追求。提出构建社会主义和谐社会，是对我国改革开放和现代化建设经验的科学总结。目前我国正处新时代的经济社会转型中，我国的改革与发展处于关键时期，我国主要矛盾从人民日益增长的物质文化需要与落后的社会生产之间的矛盾转化为人民日益增长的美好生活需要与发展不充分不平衡之间的矛盾。中国共产党作为执政党正在努力按照不断满足人民日益增长的美好生活需要的和谐社会而努力，从社会整体利益和人民长远利益出发，正确引导和处理各种社会矛盾，使整个社会结构协调有序发展，在全社会形成合力，实现我国经济与社会的协调发展。在这种背景下提出构建和谐社会，探索新的社会运转和社会服务机制，将会形成一套与经济市场化、政治民主化和文化多样化相适应的新型社会治理模式，意义重大。

习近平总书记指出，人民对美好生活的向往，就是我们的奋斗目标。党的十八大以来，以习近平同志为核心的党中央坚持以人民为中心，把增进民生福祉作为发展的根本目的，着眼于在发展中补齐民生短板，在幼有所育、学有所教、劳有所得、病有所医、老有所养、住有所居、弱有所扶上取得一系列开创性成就，改革发展成果更多更公平惠及全体人民，正朝着实现全体人民共同富裕不断迈进。它拓展了新时代我国社会主义建设总体布局的科学内涵。富裕安宁、和谐美满、国泰民安是广大人民群众的根本利益和迫切要求。

（三）和谐社会的内容和要求

和谐社会的内容主要包括以下五个方面：一是个人自身的和谐；二是人与人之间的和谐；三是社会各系统、各阶层之间的和谐；四是个人、社会与自然之间的和谐；五是整个国家与外部世界的和谐。

社会主义和谐社会应该是一个各个阶层都能各尽所能，各得其所，各阶层互惠互利，各阶层间的利益关系能够不断得到协调，让发展的成果惠及全体人民的社会。我国目前正处在社会主义初级阶段，中国共产党为实现社会主义现代化建设目标的根本目的，就要通过解放和发展生产力，满足人民群众日益增长的物质文化需要。人民群众是社会物质财富和精神财富的创造者和享有者。要维护好、实现好、发展好最广大人民的根本利益，始终把最广大人民的根本利益作为制定政策、开展工作的出发点和落脚点。历史经验说明，只有确立人民群众的主体地位，使人的积极性和创造性充分发挥出来，成为创造财富的主体，才能促进经济社会的全面发展。特别是在实行了社会主义市场经济体制以后，经济发展，社会转型，人们的生产方式、生活方式在发生迅速而深刻的变化，各种社会关系变化错综复杂，党要提高自身的执政能力，把握这些社会关系的变化，审时度势，及时地不断整合社会各种利益关系，引导各方面的力量，使之有利于实现全国各民族、各社会阶层的大团结。

经过改革开放 20 多年的发展，我们进一步明确，社会主义意味着和谐，社会主义能够更有效地发展社会生产力，更充分、更公平地满足社会成员的物质、政治、精神需要。只有构筑一个和谐社会，才能够建立起这种以和谐为特征的新型的社会关系。

(四) 当前和谐社会建设在人与自然方面的差距与挑战

在和谐社会建设过程中，依然存在着许多差距和挑战，如何缩小差距，应对挑战，是摆在我们面前的重大问题。

在社会主义和谐社会建设中，我们必须清醒地认识到我国仍然处于并将长期处于社会主义初级阶段，生产力发展水平、教育科技文化水平还不高，社会还存在众多的不和谐因素，建设社会主义和谐社会任重道远，需要随着政治、经济、文化的发展而不断向前推进。

在和谐社会的建设中，人与自然的和谐尤为重要。在唯物辩证法看来，世界上的任何事物都是矛盾的统一体。我们面对的现实世界，就是由人类社会和自然界双方组成的矛盾统一体，两者之间是辩证统一的关系。一方面，人与自然是相互联系、相互依存、相互渗透的。人由自然脱胎而来，其本身就是自然界的一部分。人类的存在和发展，一刻也离不开自然，必然要通过生产劳动同自然进行物质、能量的交换。随着生产力水平的提高，人类认识自然、改造自然的能力不断增强，现在的自然已经不是原来意义上的自然，而是到处都留下了人的意志印记的自然，即人化了的自然。人化自然表明人与自然之间的相互联系、相互渗透越来越密切。人与自然之间客观上形成的依存链、关联链和渗透链，必然要求人类在认识自然、改造自然、推动社会发展的过程中，不仅要自觉地接受社会规律的支配，同样要自觉地接受自然规律的支配，促进自然与社会的稳定和同步进化，推动自然与社会的协调发展。另一方面，人与自然之间又是相互对立的。人类为了更好地生存和发展，总是要不断地否定自然界的自然状态，并改变它；而自然界又竭力地否定人，力求恢复到自然状态。人与自然之间这种否定与反否定、改变与反改变的关系，实际上就是作用与反作用的关系，如果对这两种作用的关系处理得不好，特别是自然对人的反作用在很大程度上存在自发性，那么这种自发性极易造成人与自然之间失衡。此外，由于人类改造自然的社会实践活动作用具有双重性，如果人类能够正确地认识自然规律，恰当地把握住人类与自然的关系，就能不断地增强人类对自然的适应能力，提高人类认识自然和改造自然的能力；如果在对自然界更深层次的本质联系尚未认识到，人类与自然一定层次上的某种联系尚未把握住的情况下，改造自然，其结果将会是，要么自然内部的平衡被破坏，要么人类社会的平衡被破坏，要么人与自然的关系被破坏，因而受自然的报复也就在所难免。地学哲学在人与自然和谐相处中发挥的地位和作用，是不可小觑的。

二、地学哲学对构建和谐社会的影响

党中央提出的建设社会主义和谐社会的历史任务向地学哲学研究事业提出了更高的要求，同时也为地学哲学研究事业提供了更为广阔的"为国服务"平台。从目前实际情况来看，地学哲学研究至少可以在以下几个方面为建设和谐社会发挥作用与做出贡献。

（一）地学哲学倡导运用辩证思维处理各种矛盾关系

中央之所以要提出构建社会主义和谐社会的任务，就因为在现实社会生活中存在着一些矛盾，如不妥善处理，不仅会影响经济社会的持续发展，还会影响社会稳定和长治久安。为了正确处理各种矛盾关系，地学哲学倡导人们运用唯物辩证法的立场、观点和方法来观察与处理人地矛盾关系，在处理人地关系时，既要考虑现实情况，又要考虑历史背景；既要考虑内部，又要考虑全局；既要考虑当前，也要考虑长远；既要考虑需要，又要考虑可能。

1. 正确处理需要与可能的关系

正确处理需要与可能的关系，要求既要从实践出发，确定地质找矿方针，又要积极探寻国家急缺的矿产资源，把需要与可能很好地结合起来。其中最重要的一条，就是要从各个地区的地质矿产实际出发，一个地区有没有矿、有什么矿、有多少矿、质量如何，均由客观地质条件所决定，是不以人们意志为转移的。因此一个地区在具体确定应以哪些矿产作为普查勘探的主攻对象时，就不能只考虑建设的需要，还应看本地区客观地质条件的可能。因此要因地制宜，从本地区的实际出发，首先寻找建设需要而成矿地质条件又较有利的矿产，充分发挥各个地区的资源特长，为在全国范围内实现资源配套，建立完整的资源经济体系贡献各自的力量。

2. 正确处理重点与一般的关系

毛泽东1949年3月在中国共产党第七届中央委员会第二次全体会议上所做的《党委会的工作方法》指出，没有重点就没有政策。提出"弹钢琴"的领导方法和工作方法，告诫党委同志不仅要明白工作的轻重缓急，还应抓住问题的主要矛盾和次要矛盾、矛盾的主要方面和次要方面的相互联系、相互区别和相互转化。同时还应把握党委工作的短期与长期、当前与长远的关系，简而言之就是要在实际工作中既要突出重点，又要通盘考虑，统筹全局，协调各方。

正确处理重点与一般的关系，就是要正确处理重点矿产和一般矿产的关系。目前我国发现矿产100多种，这些矿产尽管在现代化经济建设中都有各自的用途，但是它们对于经济和社会发展所起的作用是不同的。有的资源对某些局部建设起到促进的作用，有的资源如能源资源对建设全局起促进作用；另外，由于需要做的工作很多，而我们的人力财力物力和时间又是有限的，所以面面俱到是不可能的，这就需要我们按轻重缓急分清主次，处理好重点矿产和一般矿产的关系。这使得我们在进行经济建设中能够做到有的放矢，实现人地和谐。

3. 正确处理发挥优势与综合找矿的关系

正确处理发挥优势与综合找矿的关系，就是要求我们扬长避短，发挥优势。确定优势矿产资源优先交易的原则，这是市场经济的基本原则之一。优势矿产资源的确定有两个原则，一是效用性原则，即国家急需；二是稀缺性原则，即市场短缺。这样就为综合找矿指明了方向。

4. 正确处理外部经验与本区实际的关系

正确处理外部经验与本区实际的关系就是要求我们既要学习外部经验，也要按本地区客观地质条件办事，因地制宜。外部经验是他人以往实践经验的总结，是工作精华的提炼，也是我们学习参考的样本。但是这些经验毕竟是一部分人和一部分地区经验的总结，世界之大，实践条件之不同、人员条件之不同、地质条件之不同、成矿条件之不同，都会使得原有的经验受限，造成"水土不服"。因此我们在处理外部经验和本地区实际的关系时，应贯彻学习与独创相结合的原则，对那些不适合本地区的经验以新的事实、新的经验加以替换，以使得人类找矿经验得到丰富和发展。

5. 正确处理实事求是与解放思想的关系

辩证唯物主义告诉我们，世界是可知的，客观世界是可以被认识的，但是认识客观事物的全貌需要有一个不断深化的过程。在科学发展的不同阶段，人们对于客观事物的认识只是"绝对真理"中的一部分。因此我们对于现有的认识要采取一分为二的态度，解放思想，批判地加以继承。继承与批判是哲学上的一对矛盾，无论是自然科学还是社会科学都存在着这对矛盾，随着生产的发展和科学的进步，有些认识被实践证明仍然是对的，但有些理论观点不能回应和解决现实的问题，需要新的假说、观点和理论代替原有的认识，这就需要我们解放思想，打破原有的主观偏见和习惯势力的束缚，研究新情况、解决新问题，并在新的实践中总结新的经验并上升为新的理论，从而促进科学和社会的向前发展。

6. 正确协调东西部地区的关系

地质工作是为经济建设和社会发展服务的，地质部门是国民经济的先行部门，这种先行的特点就决定了地质工作不仅要为当前的经济建设服务，还要超前为国民经济的长远发展提供所需矿产资料和地质资料，以便为制定经济和社会发展的长远规划提供科学依据。地质工作还是一个探索性很强的工作，一个矿床从发现到勘查清楚，并提交可供建设使用的地质报告，需要一个较长的过程。从目前的现状来看，在涉及当前与长远的关系中，特别要注意处理好、协调好东西部的关系。我们过去的方针是东部优先、兼顾西部。经过几十年的建设，东部地区的矿产开发得到了全面的提升，有些资源临近枯竭，矿山危机已经来临。但是近年来西部的矿产勘查得到了明显的提升，一些大的矿藏被发掘，尤其是油气资源，因此我们在处理东西部关系时，就要依据现有的实际，将原有的东部优先、兼顾西部的工作方针调整为东部地区不松懈、西部地区要加紧，使得东西部地区的地质工作协调发展，尤其是注意西部地区新的矿产资源的开发。协调好东西部地区的地质工作关系，关系到新时代 2020 年我国全面脱贫、建成小康社会的目标的实现，是新时代和谐社会实现的具体要求。

（二）地学哲学倡导研究工作要为实现和谐社会做出贡献

1. 要为建设节约型社会贡献力量

我国的土地资源、水资源、矿产资源、森林草地资源虽然在总量上均居世界前列，但因中国人口很多，所以人均拥有资源量很少，都不及世界人均水平的一半，甚至有的只有世界人均的 1/3、1/4。再加上矿产资源具有不可再生的特点，采出一点就少一点，为了给子孙后代留下生存发展的资源，不损害子孙后代的利益，以利后代的持续发展，地学哲学可以采取多种形式、多种途径宣传我国资源的基本国情。要让人们从传统的"地大物博"观念中走出来，树立资源忧患意识，自觉地为建设节约型社会贡献力量。

近几年来，随着我国国民经济持续快速发展，土地、矿产、水等国土资源的供需矛盾日益突出，已经成为经济社会发展的瓶颈。而为了实现全面建成小康社会、实现在 2020 年使国内生产总值在 2000 年基础上再翻两番的目标，则需要更多的资源。以能源为例，若将能源利用效率提高一倍，以能源资源翻一番来保证 GDP 翻两番的任务，那么 2020 年可能需要 52 亿吨以上煤炭和 5 亿吨左右的石油。为了解决全面建成小康社会所需的资源保障问题，党中央、国务院已经制定了一系列重大决策，采取了一系列措施。地学哲学研究也应在解决资源供需矛盾提高资源保障能力方面发挥作用。

2. 要发挥地学哲学在勘查开发国土资源方面的指导作用

为了解决资源供需矛盾日益尖锐的问题，提高现代化建设资源保障能力与大力节约资源、建设资源节约型社会的同时，加强资源勘查，广辟资源来源，增加资源供给是很重要的一个方面。而要加强资源勘查，除需要大量资金投入和科技创新外，运用科学的思维来指导找矿十分重要。即使在有了资金和先进科技之后，如何科学合理地运用这些资源与先进技术也需要有科学的思维来指导，而在这一方面地学哲学是大有可为的，所以需要结合勘查工作中生动的实际事例，大力宣传地学哲学在指导资源勘查方面可以发挥的作用，让更多的资源勘查人员掌握地学哲学这个武器来指导自己的勘查实践。

3. 要为预防和减轻自然灾害发挥作用

我国是一个多种自然灾害频发的国家，除火山、地震、海啸、台风主要是因自然作用引发外，其他如滑坡、泥石流、地面沉降、地裂缝、洪水、海水倒灌、土地沙漠化等地质灾害也时有发生，这些灾害的形成固然与地质作用的积累有关，但不适当的工程建设和资源开发有不可推卸的责任。如围湖造田、毁林造田引发的洪水泛滥与土地沙漠化，不适当的工程建设、资源开发和过度开采地下水引发的滑坡、泥石流、地面沉降、地裂缝、海水倒灌、土地盐碱化等地质灾害，已经给我国经济社会发展带来了不良影响，给人民生命财产造成了很大损失。为了减缓地质灾害给人民生活生命财产造成的威胁，治理与减少自然灾害给人们造成的损失，地学哲学要大力宣传"在保护中开发，在开发中保护"的方针，倡导人们在工程建设和资源开发过程中正确处理好当前与长远、开发与保护的关系，以实现经济社会的可持续发展。

与此同时，地学哲学要为防治地质灾害出谋划策，为政府有关部门决策提供咨询服务。即使像地震、火山、海啸、台风这些主要因自然因素引发的天灾，如果能运用科学的思维指导这些自然灾害形成与发展规律的研究，提高我们的认识能力，从而采取相应措施进行有效预防，也可减轻这些灾害对人类造成的损害。

4. 要为正确处理人与自然关系贡献力量

为了正确处理人与自然关系，以更好、更有效地利用与适应自然就需要正确地认识自然，并正确地运用自然来为自己服务。只有正确地运用自然规律来为自己服务，才能达到自己的目的。如果违背客观自然规律，就会受到客观规律的报复与惩罚。早在100多年前恩格斯就以小亚细亚因森林过度砍伐而造成荒漠化带来的严重后果为例告诫人们要懂得尊重自然规律，要懂得适应自然规律的重要性。这就是说人类在生存发展中不仅要通过认识自然来有效地利用自然，而且还要通过适应自然使自身获得更好的生存与发展。

而如何才能正确地认识客观自然规律，更好地适应自然客观规律来为自己服务，这就需要有科学的思维来指导。恩格斯在《自然辩证法》这本著作中曾经指出："不管自然科学家采取什么样的态度，他们还是得受着哲学的支配。问题只在于，他们是愿意受某种时髦哲学的支配，还是愿意受一种通俗思维的历史的成就的基础上的理论思维的支配。"① 恩格斯说的这个理论思维就是唯物辩证法，就是辩证唯物主义和历史唯物主义。恩格斯这个教导，不仅对于自然科学家有指导意义，而且对于今天所有的社会活动家、社科工作者、企业家和同样是有指导意义的。同时为了帮助人们掌握唯物辩证法，掌握认识自然、利用自然与适应自然的强大思想武器，地学哲学是大有可为的，是可以在这方面做出重要贡献的。

第二节　地学哲学与矿业城市转型

一、矿业城市转型概述

（一）阶梯式发展论的基本观点

阶梯式发展是指客观事物随时间从一个台阶跃进到另一个台阶的发展。阶梯式发展在空间上表现为台阶性，在时间上表现为阶段性。

阶梯式发展是广泛存在于自然界、人类社会和日常生活中的一种客观现象。如，自然界由无机世界向有机世界的演化和从猿到人的进化；人类社会从原始社会、奴隶社会、封建社会、资本主义社会再到社会主义和共产主义社会五种社会形态依次更替的社会发展；国家经济建设以"五年规划"为一个阶

---

① 马列著作选读［M］．北京：人民出版社，1988：165.

段一步步地向前推进；人们日常生活中的上下楼梯，以及阶梯式电价、阶梯式水价、阶梯式燃气价等。

阶梯式发展论不仅是客观物质世界运动和人类主观认识运动的重要形式，而且反映了人们的认识来源于实践的客观规律，以及认识对于指导实践的能动作用，从而也体现了存在决定意识和精神对物质反作用的辩证唯物主义的基本原理。阶梯式发展论认为，发展不是直线形的前进运动，发展是前进性与曲折性相统一的，发展是不平衡的，不平衡是发展的普遍规律。

阶梯式发展论认为，发展是一个过程。过程是由紧密相连而又具有不同质的几个或若干个阶段组成的。发展则是通过一个阶段一个阶段地"实践、认识、再实践、再认识"的量变和质变而迈上一个又一个新的台阶，客观事物的发展过程都是要划分阶段的。这就要对过程进行科学的阶段划分。而阶段的划分既要考虑阶段之间的联系，又要分清各个阶段之间质的区别。如果每个阶段时间跨度太大，未知因素就多，就不易制定有针对性的政策措施；如果阶段时间跨度太小，就可能耽搁时间，影响客观事物的发展。阶梯式发展论认为，推进客观事物的发展既要有总体目标，又要有分阶段的具体任务要求，要准确地把握每一个阶段的性质，弄清每一个阶段的任务，在此基础上采取有针对性的方法、措施，一步一个台阶地推进客观事物的发展；阶梯式发展论认为，跨越式发展是客观物质世界运动的又一种形式，但相对阶梯式发展来说，是局部与整体、个别与一般的关系，是阶梯式发展的一部分。发展的客观规律总体上是要分阶段地循序渐进的，阶段可以通过创造各种主客观条件来缩短，但实现有限度的跨越是有条件的。比如，人们上楼梯时，若想一步跨上几级台阶，就需要身材高大、体力好才行。不顾主客观条件试图省略和跨越阶段的做法都会违背客观规律，在认识和实践中出现盲目性和偏差，甚至会受到客观规律的惩罚。

（二）阶梯式发展论对矿业城市转型具有指导作用

矿城的转型目标是建设成"矿竭城荣"的生态型城市。矿业城市是因勘查开发矿产资源而兴起和发展起来的城市。矿产资源是不可再生的，采出一点，就少一点，矿业城市所拥有的资源总有一天会枯竭，这是不以人们的意志为转移的客观规律。为了避免"矿竭城衰"，就要调整产业结构，发展非矿产业，推进城市转型，以谋求"矿竭城荣"和可持续发展。认识到这个客观规律，我们就要遵循。矿业城市处于任何一个发展阶段都有一个面临或即将面临的转型问题，即使在城市发展处于成熟期甚至成长期时，也要未雨绸缪，思考一旦矿产资源枯竭，城市该如何持续发展。

就矿业城市的转型路径而言，按照阶梯式发展论的观点以及矿业城市转型的进展情况，矿业城市转型过程可以划分为五个阶段，即单一矿业经济型城市—矿业经济主导型城市—多元经济型城市—综合经济型城市—文明和谐生态型城市。

第一阶段，为矿业城市发展的初始阶段。这时，矿业城市为单一矿业经济型城市。这类城市中的矿业在产业结构中的比重约占90%以上或更多一些，其转型还未起步或刚刚开始起步。第二阶段，为矿业经济主导型城市。这类城市的转型正在进行，非矿产业有一定分量，矿业的比重在下降，但矿业经济在整个经济中的比重仍占60%或更多一些。第三阶段，为多元经济型城市。这类城市已经形成几个与矿业产业平起平坐的非矿支柱产业，矿业经济在整个经济中的比重下降到30%以下。第四阶段，为综合经济型城市。这类城市中非矿产业已占绝对主导地位，矿业经济处于无关紧要的地位。而转型的最终目标，就是把矿业城市建设成为"矿竭城荣"的文明和谐生态型城市，这是矿业城市转型第五阶段的任务，也是党的十八大给我们提出的要求。

矿业城市转型，是一个复杂的过程。矿业城市转型之所以漫长而复杂，主要有两方面的因素：一是寻找、发现与培育替代产业，用非矿产业替代矿业产业是一个相当长的过程；二是解决矿业城市历史遗留问题，诸如完成废石、废水、废气"三废"问题和塌陷区等地质灾害问题的治理、生态环境的恢复和棚户区改造等都非一日之功。由于这两方面因素的影响，矿业城市从矿业一统天下的单一矿业型城市，到矿业主导型城市，再到多元经济型城市、综合发展型城市和生态型城市，没有几十年甚至更长的时间是不可能的。

矿业城市转型的核心问题，是产业结构转型。由于矿业城市原有产业结构单一，在可采资源逐渐减少之后，城市经济就随之滑坡，从而产生一系列问题，所以要采取措施发展替代产业，优化产业结构，促进城市转型。产业结构转型既要调整矿业与非矿产业比例，提升非矿产业比重，又要优化第一产业、第二产业、第三产业的比例关系，大力发展第三产业。随着非矿产业量的积累，及其在整个产业中所占比重增加到一定程度，矿业城市的性质就会发生质的改变，就会呈阶梯式，由一级台阶跃上另一级台阶。从哲学意义上讲，矿业城市转型过程也是从量变到质变的过程。

矿业城市发展非矿产业，要因地制宜。发展非矿产业既要积极发展现已存在的可能具有优势的非矿产业，努力将其做大做强，也要积极寻找、发现、培育新的具有发展前景的替代产业。比如枣庄市的旅游资源也相当丰富，如台儿庄古城，通过发展旅游经济，一年旅游收入据说就有 10 多亿元。

矿业城市转型，不能排斥矿业的发展。发展非矿产业、优化产业结构、促进城市转型，不等于不要矿业产业。相反，只要有资源可供开发，就应发挥矿产资源优势。这既可以延长矿山的服务年限，又有利于职工生活安定和社会稳定，还可以为发展非矿产业争取时间。所以，矿业城市要尽可能加强老矿山深部和周边地区的就矿找矿，挖掘老矿山的资源潜力。

二、地学哲学引领矿业城市转型

（一）矿业城市转型的一般路径

1. 完善城市总体发展战略

全面提高城市发展水平，修订完善原有的城市经营发展战略，要按照科学发展观的要求，体现"以人为本，全面、协调、可持续发展"这一目标要求。要体现五个统筹的精神，实现"五大文明"建设相互促进、协调发展的要求。要体现经济社会与人口资源环境协调发展，实现人与自然和谐的要求。为了搞好城市总体发展战略的修订完善工作，必须深化改革推进体制创新和机制创新，从思想观念到实际行动切实搞好五个转变：从主要依靠资源优势发展单一矿业经济型城市向充分经营城市资源发展多元经济型城市转变；从主要依靠国有经济向发展国有经济、集体经济、民营经济、混合经济等多种所有制经济共同发展转变；从重物质文明建设向物质文明、精神文明和政治文明协调发展转变；从重开发向开发与保护并重转变；从政府与企业职责不分向政企分开、理顺关系、各司其职转变。

2. 着重进行适度开发

加强矿产地质勘探，进行适度开发，为矿业持续发展和发展接续产业创造条件。从现实情况看，矿业在相当长一段时期内仍是东北矿业城市以及全国多数矿业城市的支柱产业或最主要的支柱产业。据现有地质资料，许多矿业城市还有资源潜力可挖，即使是一些危机矿山，在深部和周边地区还可能找到新的接替资源，加强地质勘探是矿业城市可持续发展的一个重要条件。加强地质勘探，挖掘老矿山资源潜力和发现新的资源，延长矿业服务年限，既为矿业持续发展提供资源支持，又可为矿业城市发展接续产业实现经济转型赢得时间。

3. 因地制宜发展接续产业

矿业城市发展接续产业要从实际出发。宜工则工，宜农则农，宜商则商，宜旅游则旅游。比如阜新市利用土地资源丰富的比较优势，发展特色农牧业和农牧产品加工业；利用硅矿和玛瑙矿资源丰富，发展玻璃工业和玛瑙加工业。目前均已粗具规模，可能成为新的支柱产业。如果把煤矸石再充分利用起来，把膨润土等其他非金属矿再开发加工利用起来，则可为阜新市经济持续发展增添新的支柱。又如吉林省白山市利用丰富的优质天然矿泉水，发展矿泉水产业，2003 年矿泉水产业产值占工业总产值的 13%。

4. 大力发展循环经济

在矿业开发过程中会产生大量的废石、废渣、废水和废气。如煤矿开发过程中产生的煤矸石、粉煤灰和瓦斯等；金属矿开发过程中产生的尾矿、废渣等。据不完全统计，全国金属矿山尾矿积存有 50 亿吨，煤矸石有 38 亿吨。按线性经济的传统观念看，这些不仅都是废物，而且会给生态环境带来破坏。如果我们换一个角度即从循环经济的角度看这些所谓的废物，它们就是矿业开发过程中产生的可以再利用的衍生资源，是一笔很大的财富。如煤矸石可以垫路、制造水泥、制砖、发电，还可以利用高科技使之转化为附加值很高的产品。当然，开发利用衍生资源，发展循环经济，需要从思想观念上转变，需要先进技术、资金和相应政策规范的支持。

5. 增强城市综合功能

为了逐步改变城市产业结构单一状况，推进产业结构转型，提升城市经济实力，要利用待业和下岗分流的劳动力资源，大力发展服务业，解决劳动力就业和提高城市人民生活水平。要充分发挥资源优势，利用可转换资源，扩大深加工，延长产业链，提高附加值。要打破部门界限，实行相关产业联营如煤电铝、煤电运、石油开采提炼加工一条龙，积极推进集团化经营。要推进投资主体多元化，用股份制改造老企业，加快培育与发展非矿接续产业或替代产业。要鼓励集约化经营，根据资源丰度和区域资源分布状况，从实际出发组建大型矿业集团，以提高生产经营水平和国际竞争力，下决心关闭那些浪费资源、破坏环境、安全生产无保障的企业，对依法办矿条件好的小矿也要加强指导与管理，集约经营，科学开发，安全生产。

（二）矿业城市转型的具体战略

1. 多元发展战略

矿业城市除发展矿业以外，还要因地制宜大力发展非矿产业，培育几个支柱产业或替代产业。新建矿业城市从一开始就应注意多元发展。苏联巴库由于对此没有重视，出现矿竭城衰；美国休斯敦由于注意发展其他产业，城市兴旺发达。

2. 适度开发战略

矿业城市要根据拥有资源丰富程度，寻求矿山企业规模效益与增加矿山服务年限之间的最佳结合点，把矿山年度产量定在一个适当量度上，实行适度开发，既能延长矿山服务年限，又可为产业结构调整和城市转型赢得时间。

3. 集约经营战略

要通过改革、改组和改造，组建一批具有国际竞争力的大型矿业集团参与国际竞争，分享全球资源成果。要改变矿业开发中粗放的经营方式，提高劳动生产率，下决心关闭那些浪费资源、破坏环境和安全无保障的小矿。

4. 科教兴城战略

大力发展科教事业，提高全民素质。采取有效措施，培养和凝聚高素质人才。运用先进科学理论和技术，提高资源利用率，搞好资源保护，加强地质勘探，挖掘资源潜力，增加资源储备。在加强自主科技创新能力的同时，要吸收国外先进技术，提高矿产品深加工层次。

5. 绿色矿城战略

树立环境也是生产力的新观念，科学规划城市布局，控制城市建设规模，搞好园林绿化，实现矿业开发与环境生态协调发展。加强地质灾害防治和土地复垦。实行"谁破坏、谁治理""谁治理、谁受益"的政策，以市场机制培育环保产业。

6. 筑巢引凤战略

加强城市基础设施建设，完善城市服务功能，提高服务效率。大力改善外商投资的硬环境和软环境。走政府培育市场，市场解放政府，政府解放企业，企业解放生产力的路子。用新的体制和机制吸引人才、技术和资金。

7. 城矿互利战略

转变政府职能，矿山不办社会，加快政企分开和企业与政府职能复归步伐。把产业发展政策和城市发展政策有机结合起来，促进城市与矿业同步发展。倡导政企之间不分大小，不搞分割，不分彼此，以工带农，工农并兴，整体推动区域经济发展的良好局面。

8. 矿城转型战略

对于矿产资源枯竭和即将枯竭的矿业城市镇要集中力量，实行特别扶持政策，培育发展第三产业和闲置土地发展现代农业与农产品加工业和非矿产业，鼓励发展民营企业，促进城市产业转型。

以上八大战略充分体现了马克思主义哲学发展的、联系的、全面的、辩证的世界观和方法论，战略的提出给矿业城市的可持续发展道路指明了方向，从而以哲学的高度为矿城和谐做出了努力。

（三）地学哲学引领矿业城市转型

1. 建设和谐矿城

构建和谐社会与社会主义物质文明建设、精神文明建设和政治文明建设是有机统一与互相促进的，通过物质文明建设不断发展社会生产力，可以不断地为构建社会主义和谐社会增强物质基础；通过政治文明建设发展社会主义民主政治，可以为构建和谐社会提供政治保障；通过精神文明建设，发展社会主义先进文化，为构建和谐社会提供精神支持，而建设和谐社会可以为建设物质文明、政治文明、精神文明建设、创造良好的社会条件。

建设和谐矿城，从根本上说取决于矿城经济发展的总体过程和水平。只有矿城经济的充分发展，才能为建设和谐社会提供必要的雄厚物质基础，才有可能最大限度地满足城乡人民日益增长的物质文化生活需要。所以矿业城市的领导都应按中央的要求，把发展作为第一要务，抓紧、抓实、抓好。按照统筹兼顾的要求，处理好方方面面的关系，促进和谐社会的建成。

2. 矿城产业转型

矿业城市抓发展，首先要把矿业抓好，这不仅是因为矿业仍是矿业城市中现实的一个支柱产业，还因为矿业城市是我国矿产品的主要生产与供应基地，而目前矿业内部关系严重失调，探矿滞后于采矿。

在矿业内部还要处理好主导矿业与非主导矿业之间的关系。客观地质规律表明，在同一个地区内，不同地质历史时期的多种地质作用，可能使多种矿产形成。所以应加强这方面的勘查开发利用研究，力争使非金属矿产品加工成为新的支柱产业，将目前的非主导矿业转化为主导矿业或新的支柱性产业。这种情况在很多矿业城市都客观存在，应引起我们的足够重视。

矿产资源是不可再生的，总有采完的一天，矿业城市总要经历由单一矿业经济型城市向综合经济型城市再向非矿业经济型城市转变这样的一个发展过程，这是不以人们意志为转移的、矿业城市发展的客观规律。所以，不论矿业城市在矿业开发是处于衰退期，还是处于成长期和鼎盛期，从长远观点看，都要未雨绸缪，制定城市转型与可持续发展规划，实行多元发展战略，在继续抓好矿业产业的同时，尽早动手大力培育与发展非矿产业，以作为新的支柱产业和矿业的接替产业，以优化产业结构，促使城市经济持续协调发展。当然，发展新的支柱产业一要从实际出发，因地制宜，在充分论证的基础上进行优选，然后加以培育与发展；要利用民营资本和外资发展矿业与非矿产业，推进城市转型；要推进产学研结合，利用外部人才和技术改造提升传统产业，发展新的接替产业，促进产业结构优化。发展矿产品加工业，延长矿业产业链，是优化产业结构、培育新的经济增长点、促进城市转型的一条重要途径。

第六章　地学哲学的生态文明价值

第一节　地学哲学的生态学内涵

一、生态文明的概念体系

从生态学的角度讲，"生态"一词，通常指的是生物的生活状态，既指生物在一定的自然环境下生存和发展的状态，也指生物的生理特性和生活习性。生态（Eco-）一词源于古希腊，意思是指家或者我们的环境。简单地说，生态就是指各种生物的生存状态，以及它们之间和它与环境之间相互依存、相互作用的关系。生态的产生最早也是从研究生物个体而开始的，"生态"一词涉及的范畴也越来越广。生态有着自在自为的发展规律。人的实践活动改变了这种规律，把自然生态纳入人类的实践活动范围之内，这就形成了文化。

生态文明，属于文化范畴，是指以人与自然和谐发展为取向的价值观念、情感态度及心理意识所构成的物质与精神成果的总和，是指以人与自然、人与人、人与社会和谐共生、良性循环、全面发展、持续繁荣为基本宗旨的文化伦理形态。"地学哲学是研究地球和地球科学发展最一般性规律性的科学，是哲学和地球科学交叉形成的科学。"生态是地学哲学的归宿，是人地关系的和谐发展，因此，地学哲学内在地具有生态文明意蕴。

改善与优化人与自然的关系，促进人口、资源、环境的协调发展，在理论与实践中已经得到了人们的持续关注。在观点表达上，人与自然和谐、经济与生态协调、两型社会（资源节约型、环境友好型社会）、可持续发展、和谐社会、科学发展观、绿色发展、循环经济、绿色经济、低碳经济、建设美丽中国等相关概念已相继出现，并得到了不断的丰富和发展。这些概念既相互联系，又相互区别，科学有效地构成了一个层次分明、结构合理、正确反映人与自然关系的生态文明概念体系。当然，在这一概念体系中，概念数量众多，并且在内涵与外延上各有侧重，若不能科学厘清这些概念与生态文明概念的内在逻辑和相互关系，则容易造成认识的混乱与实践的困惑。

人与自然和谐，也称人与自然和谐相处，或人与自然和谐发展。中华民族向来尊重自然、热爱自然。进入 21 世纪，中国共产党更是将生态文明建设纳入中国现代化建设的总布局之中。2002 年，江泽民在全球环境基金第二届成员大会开幕式上指出："走可持续发展道路，促进人与自然的和谐，是人类总结历史得出的深刻结论和正确选择。" 人与自然和谐更是自党的十六大以来以胡锦涛为总书记的党中央提出的一个重要理念。"实施可持续发展战略，促进人与自然的和谐，实现经济发展和人口、资源、环境相协调，坚持生产发展、生活富裕、生态良好的文明发展道路，这既是全面建设小康社会的必然要求，也是贯彻落实科学发展观的重要实践。" 促进人与自然和谐不仅是可持续发展的重要内容，而且是科学发展观的基本要求，还是构建和谐社会的重要特征。2018 年 11 月习近平总书记发表重要讲话 "推动我国生态文明建设迈上新台阶"，强调 "生态文明建设是关系中华民族永续发展的根本大计"。

"坚持人与自然和谐共生，人与自然是生命共同体"，"让自然生态美景永驻人间，还自然以宁静、和谐、美丽。" 这就是我们当前生态文明建设的目标。

如何实现这个目标，习近平总书记于 2018 年在全国生态环境保护大会上的讲话 "推动我国生态文明建设迈上新台阶" 就表明了我们的决心：到 2020 年，"不能一边宣布全面建成小康社会，一边生态环境质量仍然很差，这样人民不会认可，也经不起历史检验。不管有多么艰难，都不可犹豫、不能退缩，要以壮士断腕的决心、背水一战的勇气、攻城拔寨的拼劲，坚决打好污染防治攻坚战。" 并提出了建设生态文明的若干原则：一是人与自然和谐共生；二是绿水青山就是金山银山；三是良好生态环境是最普惠的民生福祉；四是山水林田湖草是生命共同体；五是用最严格制度最严密法治保护生态环境；六是共谋全球生态文明建设。

人与自然和谐共生，是党中央提出的重要概念与思想，这就告诉我们，建设生态文明就是促进人与自然和谐共生，是生态文明建设本质所在。这也是学术界的一个基本共识。工业文明是人与自然分裂与冲突的不和谐发展，生态文明是人与自然内在统一与和谐共生的和谐发展。无论是广义还是狭义的生态文明，都表征着人与自然关系的进步状态，区别仅仅在于，狭义生态文明将人与自然和谐共生视为全部内容，广义生态文明将人与自然和谐共生看成部分内容。

实施可持续发展战略、走可持续发展道路、实现可持续发展，一直是我们党长期以来的重要战略思想。可持续发展就是在满足当代人需求的同时，不危及后代人的生存需求，给子孙后代留下一个合适的生存空间。党的十八大以来，我们把生态文明建设作为统筹推进"五位一体"总体布局和协调推进"四个全面"战略布局的重要内容，开展了一系列根本性、开创性、长远性工作，推动着生态环境保护发生了历史性、转折性、全局性变化。

建设生态文明必须以习近平新时代中国特色社会主义思想为向导，以习近平在2018年5月全国生态环境保护大会上所做的"推动我国生态文明建设迈上新台阶"重要讲话为指导，我们不仅要以人的物质需要、文化需要为本，也要以人的生态需要为本，建设生态文明可以让人民群众喝上干净的水、呼吸清洁的空气、吃上放心的食物，在良好生态环境中生产生活。建设生态文明不能局限于生态环境建设，也不能停留在经济领域，还必须渗透到政治、文化、社会等领域，确保生态文明建设实现生态环境、生态经济、生态政治、生态文化、生态民生等建设的全面协调发展，以及生态文明建设的当前发展与长远发展相统一。

二、改革开放以来中国共产党生态文明思想与实践

地学哲学的归宿，是人地关系的和谐发展。人类从出现，便在不断地和地球互相作用。从远古时期到现代社会，人类对自然的改造从未停止，只是在程

度和方式上有差异。远古时期到封建社会，人类生产力落后，在改造自然的过程中显现的主要是自然界对人的制约性，因而人类产生了诸如土地崇拜等自然崇拜。农业产生以后，人类开始有意识地改造自然，但依然受制于自然力。人们根据不同的生态思想，对自然界进行着一定程度的改造，并对自然资源进行着摄取。而中华民族历来就对人与天地关系有着自己独到的认识，《老子》中说："人法地，地法天，天法道，道法自然。"强调按照自然的法度生活。不仅如此，中华民族之祖还设立九州之官，建立生态制度——虞衡制度。虞衡，是古代掌山林川泽之官，"地官掌山泽者谓之虞，掌川林者谓之衡"。"山林川泽之民属於虞衡，故即名其民职曰虞衡，亦通谓之虞"。

对于生态文明的内涵，从宏观层面看，是指关于人与自然关系的文明，也是关于人与自然和谐共生的基本看法和观点。改革开放以来，邓小平、江泽民、胡锦涛、习近平同志作为中国共产党的领导核心，坚持以马克思主义理论为指导，结合不同时期的国内外生态形势，不断探索和发展中国特色社会主义生态文明理论。

（一）邓小平生态文明思想与实践

中共十一届三中全会开创了一个全新时代，邓小平作为改革开放和现代化建设的总设计师，在领导社会主义现代化建设过程中，开始关注生态文明建设问题，提出了不少生态文明思想。这些思想集中代表了第二代领导集体在改革开放初期对生态文明的认识水平，是邓小平理论在生态文明领域的生动体现。

一是合理利用资源。邓小平虽然说过"我们有丰富的资源"，开发出来就是了不起的力量，但他多次谈到我国可耕地少、能源缺乏，"人口多、耕地少"是中国现代化建设必须考虑的特点；"我们基础工业薄弱，缺少电和原材料。"针对我国能源问题，他说："能源不够，不仅是'六五'期间的问题，也是今后相当长时间的问题。火电上不去，要在水电上打主意。水电大项目上去了，能顶事。""核电站我们还是要发展，油气田开发、铁路公路建设、自然保护等，都很重要。"

在强调开发资源的同时，邓小平还十分重视资源合理使用，提出过不少主张：杜绝各种浪费，提高产品质量是最大的节约；"无论是在生产建设以前，生产建设中间，还是在生产建设得到了产品之后，都不允许有丝毫的大手大脚。"提高洗煤比重，要搞坑口发电，加强煤炭的综合利用；提高煤炭和石油的价格，促进使用单位节约；对浪费电力和原材料的企业，要坚决关一批，行动要坚决。这些思想对我国合理开发、节约利用资源起到了积极作用。

二是保护生态环境。邓小平认为，洪涝灾害与森林、林业破坏紧密相关，因此，必须加强植树造林和林业建设，这是保护自然环境的重要举措。邓小平继承毛泽东的植树造林思想，大力倡导植树造林运动。在其提议下，1981年第五届全国人民第四次会议通过《关于开展全民义务植树运动的决议》，规定每年3月12日为我国植树节。邓小平还就植树造林做过多次重要批示或题词："植树造林，绿化祖国，造福后代"。"这件事，要坚持二十年，一年比一年好，一年比一年扎实，为了保证实效，应有切实可行的检查和奖惩制度"。"植树造林，绿化祖国，是建设社会主义、造福子孙后代的伟大事业，要坚持二十年，坚持一百年，坚持一千年，要一代一代永远干下去。"

全民义务植树运动，成为植树造林、绿化祖国、改善生态环境的重要抓手，产生了较大的生态、经济和社会效益。在邓小平的关心和指导下，第二次全国环境保护会议于1983年召开，环境保护被确立为我国的一项基本国策。1990年，他还以战略性的眼光指出"自然环境保护很重要"，要求我们重视自然环境保护问题。

三是环境经济价值。认识和处理生态与经济关系是建设生态文明的关键，邓小平认为自然环境具有经济价值，保护自然环境有利于经济发展。首先是种草种树可以带来经济好处。面对西北地区的黄土高原，邓小平说："我们计划在那个地方先种草后种树，把黄土高原变成草原和牧区，就会给人们带来好处，人们就会富裕起来，生态环境也会发生很好的变化。"

其次是优美的自然风光可以促进旅游业的发展。邓小平提出："要保护风景区。桂林那样的好山好水，被一个工厂在那里严重污染，要把它关掉"，"北京要搞好环境，种草种树，绿化街道，管好园林"。四川峨眉山风景区造林注意色彩的完美搭配，山林就像人的穿着一样，不仅有衣衫，还要有裙子、鞋子，林子下面种茶，四季常绿，还能取得经济效益等。

最后是良好的生产环境可以提高企业效益。邓小平主张，我国企业积极学习国外环保经验，在企业生产中"讲美学，讲心理学，讲绿化"，以影响人的情绪，使人感到舒适，从而提高生产水平。此外，他还提出农业发展要因地制宜等重要主张。基于对经济与生态辩证关系的认识，邓小平提出"加快经济发展，保护生态环境"的重要思想。

四是建设环境法制。加强社会主义法制建设是邓小平的重要思想，邓小平非常重视通过法制建设来建设生态文明。邓小平指出，我们"应该集中力量制定刑法、民法、诉讼法和其他各种必要的法律，例如工厂法、人民公社法、森林法、草原法、环境保护法、劳动法、外国人投资法等，经过一定的民主程序讨论通过，并且加强检察机关和司法机关，做到有法可依，执法必严，违法必究"。

在邓小平关注下，我国先后制定、颁布、实施了森林法、草原法、环境保护法、水法等生态文明建设相关法律。1979 年，我国颁布了新中国成立以来第一部综合型环保基本法——《中华人民共和国环境保护法（试行）》，标志着我国环境保护开始走上法制轨道。截至 1991 年，我国颁布了 12 部资源环境法律、20 多件行政法规、20 多件部门规章，累积颁布地方法规 127 件、地方规章 733 件以及大量的规范性文件，初步形成了环境保护的法规体系，为强化环境管理奠定了法律基础。此外，邓小平也最早提出控制人口应该立法的思想，为我国计划生育工作依法管理指明了方向。

五是环保依靠科技。科技是生态文明建设的有力支撑，建设生态文明必须紧紧依靠科学技术。邓小平同志一贯强调现代科学技术在现代化建设中的重要作用，"四个现代化，关键是科学技术的现代化。没有现代科学技术，就不能建设现代农业、现代工业、现代国防。没有科学技术的高速度发展，也就不可能有国民经济的高速度发展。"他多次指出，"中国要发展，离开科学不行"，"实现人类的希望离不开科学。"

面对资源环境问题，邓小平主张依靠科学技术，"解决农村能源、保护生态环境等，都要靠科学。"在谈到与生态息息相关的农业产业时，他说："农业的发展一靠政策，二靠科学。科学技术的发展和作用是无穷无尽的。""将来农业问题的出路，最终要由生物工程来解决，要靠尖端技术。"在他看来，"最终可能是科学解决问题。科学是了不起的事情，要重视科学。"这就是说，解决资源环境问题、建设生态文明最终要靠科学技术。这些思想使邓小平科技思想具有了生态色彩，也为我国生态文明建设注入了科技含量。

（二）江泽民生态文明思想与实践

自中共十三届四中全会以来，江泽民在推进社会主义现代化建设过程中，始终关注人口资源环境问题，提出了可持续发展战略及其一系列重要思想，这些成为其生态文明思想的重要特色。这些思想集中代表了第三代领导集体对生态文明的认识水平，是"三个代表"重要思想在生态文明领域的重要体现。

一是人口资源环境。实施可持续发展战略，"必须始终坚持把控制人口、节约资源、保护环境放在重要的战略位置。"首先要控制人口。"资源破坏、环境污染、生态失衡"等，都与人口基数大、增长快有着直接的关系。"如果计划生育工作抓得不好，人口增长控制不住，造成资源过度的开发，生态环境就难以得到有效保护，环境质量就难以提高"。既然人口是关键，那就必须控制人口。

其次要节约资源。"我国耕地、水和矿产等重要资源的人均占有量都比较低"，必须坚持"资源开发和节约并举，把节约放在首位，努力提高资源利用效率"。"坚持节水、节地、节能、节材、节粮以及节约其他各种资源"。

最后要保护环境。"环境保护工作，是实现经济社会可持续发展的基础"。我们要努力改善生态环境，"加强对环境污染的治理，植树种草，搞好水土保持，防治荒漠化，改善生态环境。"

江泽民认为，"人口、资源、环境三方面的工作，是一个具有内在联系的系统工程。"自1991年起，中央每年在"两会"期间都召开座谈会，专门部署这方面工作，由开始的中央计划生育工作座谈会，到中央计划生育和环境保护工作座谈会，再到中央人口资源环境工作座谈会。

二是生态经济协调。面对我国发展与环境的矛盾问题，江泽民明确提出经

济发展与资源环境相协调的思想。江泽民认为，传统经济增长是造成资源环境
压力的根源，"那种以盲目扩大投资规模、乱铺摊子为基础的经济增长，其增
长速度越快，资源浪费就越大，环境污染和生态破坏就越严重，发展的持续能
力就越低。"他将资源环境上升到生产力高度，指出"破坏资源就是破坏生产
力，保护资源环境就是保护生产力，改善资源环境就是发展生产力"。

　　由于走传统工业化道路是国际社会的普遍做法，我们必须"走出一条科
技含量高、经济效益好、资源消耗低、环境污染少、人力资源优势得到充分发
挥的新型工业化路子"，必须"按照可持续发展的要求，正确处理经济发展同
人口、资源、环境的关系，促进人和自然的协调与和谐，努力开创生产发展、
生活富裕、生态良好的文明发展道路"。

　　为协调我国生态与经济关系，江泽民先后提出"建立节耗、节能、节水、
节地的资源节约型经济"、"只有走以最有效利用资源和保护环境为基础的循
环经济之路，可持续发展才能得到实现"等重要主张。

　　三是生态科技进步。邓小平强调环境保护依靠科技，江泽民提出可持续发
展战略与科教兴国战略必须紧密结合。一方面，实施可持续发展战略必须紧密
结合科教兴国战略。他说："全球面临的资源、环境、生态、人口等重大问题
的解决，都离不开科学技术的进步。""要依靠科技提高资源利用率，节约耕
地，保护环境，坚持可持续发展。"这是因为，科技进步可以为可持续发展提
供决策依据和手段，加深人类对自然规律的理解，开拓可供利用的新的自然资
源，提高资源利用率和经济效益，提供保护自然资源和生态环境的有效手段，
促进提高可持续发展的管理水平。

　　另一方面，实施科教兴国战略必须紧密结合可持续发展战略。江泽民指
出："在调整人和自然关系的若干重大领域，特别是人口控制、环境保护、资
源能源的保护和合理开发利用等方面取得扎实的成果。""十分重视解决环境
保护、资源合理开发利用、减灾防灾、人口控制、人民健康等社会发展领域的
科技问题，为改善生态环境、提高人民的生活质量和健康水平做出贡献，促进
经济社会持续协调发展。""重点推广对能源、交通、原材料等基础工业的发
展有重大影响的科技成果，并努力促进节能降耗、提高产品质量、减少环境污

染。"在其思想指导下，2002 年科技部发布《可持续发展科技纲要》，将可持续发展科技列入科技进步与创新的重要领域。

四是生态意识教育。江泽民非常重视可持续发展宣传教育工作，他认为这是实施可持续发展战略的重要前提，"我们加强宣传教育，让全体人民都明白可持续发展的道理，坚持走可持续发展的道路。"

江泽民为我们指明了宣传教育的重要内容，"我们要通过教育、宣传和其他方面的工作，使这两项基本国策（指计划生育和环境保护）家喻户晓、人人皆知。""一定要向群众充分讲清楚，实行计划生育、合理利用资源和搞好环境保护其根本目的是维护群众利益。要广泛普及人口资源环境方面的科学知识，增强广大人民群众的人口资源环境意识，提高他们支持人口环境资源的自觉性和主动性。""要加强人口、资源、环境方面的法制宣传教育，普及有关法律知识，使企事业单位和广大群众自觉守法。全社会都严格依法办事，是做好人口、资源、环境工作的重要保证。"

这些论述告诉我们，通过开展生态知识、生态国策、生态法律等宣传教育，提高全社会可持续发展意识，形成有利于可持续发展的良好社会氛围。在其思想指导下，1996 年国家环保总局等部门联合颁布《全国环境宣传教育行动纲要（1996—2010 年)》，2001 年又具体颁布了《2001—2005 年全国环境宣传教育工作纲要》。经过多年探索，我国基本形成了具有中国特色的环境教育体系。

五是坚持"三大国策"。邓小平确立了计划生育和保护环境的两大基本国策。江泽民多次强调必须长期坚持这两大基本国策。他说："控制人口增长、保护生态环境是全党全国人民必须长期坚持的基本国策。""计划生育和环境保护都很重要，都关系到我国经济和社会发展的全局，都是我们必须长期坚持的基本国策。""坚持计划生育和保护环境的基本国策，正确处理经济发展同人口、资源、环境的关系。"

江泽民还将两大基本国策发展为三大基本国策。1999 年，他在中央人口资源环境工作座谈会上指出："促进我国经济和社会的可持续发展，必须在保证经济增长的同时，控制人口增长，保护自然资源，保持良好的生态环境。这是根据我国国情和长远发展的战略目标而确定的基本国策。"2002年,他在中央人口资源环境工作座谈会上再次明确:"必须把可持续发展放在十分突出的地位,坚持计划生育、保护环境和保护资源的基本国策。"三大基本国策思想使我国国策理论更趋完善,有力推进了可持续发展战略的实施和生态文明建设进程。

六是生态依法治理。依法治国是江泽民确立的基本治国方略,其生态文明思想也充分体现了法治特色。江泽民明确提出:"人口资源环境工作要切实纳入依法治理的轨道。这是依法治国的重要方面。"

在邓小平生态法制建设思想基础上,江泽民提出要不断完善环保法律体系,而且要加强环保执法、环保司法等工作。他在1997中央计划生育和环境保护工作座谈会上指出:"不断完善社会主义市场经济体制下的环境保护法律体系,为加强环保工作提供强有力的法律武器。""环保执法仍然是一个薄弱环节,需要继续加强,提高执法效果。环境行政主管部门要依法对环境保护实行统一的监督管理。司法部门要加强环保司法工作,依法坚决打击破坏环境的犯罪行为。"

江泽民在强调坚持有法必依、执法必严、违法必究的同时,特别要求"各级领导干部要带头学法、知法、懂法,努力做遵守法律法规的模范,同时要支持和督促有关部门严格执法,绝不能知法犯法,干扰甚至阻挠有关部门依法行政。有关职能部门要秉公执法,绝不允许徇私枉法"。

(三) 胡锦涛生态文明思想与实践

党的十六大以来,胡锦涛在推进全面建设小康社会和现代化建设进程中,对生态文明理论进行了卓有成效的探索,首次在党代会的政治报告中提出"生态文明"新理念,并围绕生态文明建设提出了一系列新思想、新观点、新论断。这些思想集中代表了党的十六大以来党的领导集体对生态文明的认识水平,是科学发展观在生态文明领域的生动体现。

一是建设"两型社会"。这是胡锦涛对生态文明建设任务的认识,是他对前人节约资源、保护环境思想的升华。胡锦涛指出:"我们必须把推进现代化与建设生态文明有机结合起来，把建设资源节约型、环境友好型社会放在工业化、现代化发展战略的突出位置。"建设生态文明，实质上就是要建设以资源环境承载力为基础、以自然规律为准则、以可持续发展为目标的资源节约型、环境友好型社会。从当前和今后我国的发展趋势看，加强能源资源节约和生态环境保护，是我国建设生态文明必须着力抓好的战略任务。节约资源和保护环境，建设"两型社会"是生态文明建设的重要任务。

建设资源节约型社会，"要以节约使用能源资源和提高能源资源利用效率为核心，以节能、节水、节材、节地、资源综合利用为重点。"建设环境友好型社会，要使"主要污染物排放得到有效控制，生态环境质量明显改善"，"重点加强水、大气、土壤等污染防治"。当前，节能减排是"两型社会"建设的核心。建设生态文明就是以节能减排为核心，以节约能源资源和保护生态环境为重点，采取多种措施促进人与自然和谐发展。节约资源和保护环境只有上升到"两型社会"建设的高度，以科学发展观、生态文明理论指导才能取得成功。

二是生态以人为本。这是胡锦涛对生态文明建设目的的科学认识。以人为本是科学发展观的核心，建设生态文明是坚持以人为本的一项科学决策。以人为本表现在很多方面，不同时期侧重点不同。生活水平的提高与生态环境的恶化，使人民群众对良好的生态环境提出了紧迫需要，生态需求成为一项基本需求，生态权益成为一项基本权益。生态文明的复杂性和渗透性，又使生态物质、生态文化、生态民主、生态民生需求成为当今物质、文化、政治、社会需求的新形态。"我们推进发展的根本目的是造福人民"，建设生态文明正是坚持以人为本的根本体现。

胡锦涛同志提出，要用科学发展观指导人口资源环境工作，牢固树立以人为本的观念。"人口资源环境工作，都是涉及人民群众切身利益的工作，一定要把最广大人民的根本利益作为出发点和落脚点。要着眼于充分调动人民群众的积极性、主动性和创造性，着眼于满足人民群众的需要和促进人的全面发展，着眼于提高人民群众的生活质量和健康素质，切实为人民群众创造良好的生产生活环境，为中华民族的长远发展创造良好的条件"。这就是说，建设生态文明必须坚持"三个着眼于",当前要着力解决好水污染、空气污染、土壤污染以及食品安全等问题,让人民群众喝上干净水、呼吸上清洁空气、吃上放心食物,有一个良好的生产和生活环境。

三是发展绿色经济。这是胡锦涛对生态文明建设途径的认识。江泽民提出了生态经济协调发展思想,胡锦涛指出了生态经济协调发展的实现形式。"经济增长的资源环境代价过大"是我国经济社会发展面临的首要问题,建设生态文明的关键就是要构建节约能源资源和保护生态环境的产业结构、增长方式。

循环经济是一种善待地球的经济发展方式,"我国经济增长在很大程度上是靠物质资源的高消耗来实现的,这种状况不改变,经济社会发展是难以为继的。因此,我们必须大力发展循环经济,努力实现自然生态系统和社会经济系统的良性循环。"因此,我们要"大力推进循环经济,建立资源节约型、环境友好型社会"。

在这些思想指导下,2005年国务院出台《关于加快发展循环经济的若干意见》,为我国发展循环经济提供了指导性意见:"十一五"规划将发展循环经济明确为建设"两型社会"、实现可持续发展的重要途径;党的十七大报告提出,建设生态文明要使"循环经济形成较大规模";"十二五"规划更将发展循环经济作为建设"两型社会"的重要内容。此外,胡锦涛还多次提出发展绿色经济、低碳经济学等新思想。

四是绿色消费生活。这是胡锦涛对生态文明建设引擎的认识。消费,特别是高消费、一次性消费与非循环消费等传统消费模式,是造成资源大量消耗和环境严重污染的重要因素。扩大消费是我国经济社会发展的重要引擎,"促进经济增长由主要依靠投资、出口拉动向依靠消费、投资、出口协调拉动转变",是转变经济发展方式的基本内涵。但消费水平的迅速提高、消费主义的日益流行、勤俭节约的不合时宜,无疑加剧了我国的资源环境压力。

面对扩大消费与生态压力的矛盾,我们既要发挥消费引领作用,又要转变传统消费模式,正确选择就是绿色消费生活方式。这也是现代社会文明健康生活方式的具体体现,近年来正在成为国际社会的消费生活潮流。顺应绿色发展趋势、结合中国基本国情，胡锦涛积极倡导全社会形成健康文明消费模式，"要提高全民族的节约意识，在全社会倡导节俭、文明、适度、合理的消费理念，倡导绿色消费等现代消费方式，提高消费质量和效益。"建设生态文明，"推动全社会形成节约能源资源和保护生态环境的生活方式和消费方式"，在今天消费拉动生产的大背景下，绿色消费生活将引领绿色生产和绿色发展，这将成为生态文明建设的重要引擎。

五是生态文明教育。这是胡锦涛对生态文明建设前提的认识。人类的生产生活行为受自身的思想观念支配，建设生态文明必须开展生态文明宣传教育，在全社会牢固树立生态文明观念。在 2005 年中央人口资源环境工作座谈会上，胡锦涛首次使用"生态文明教育"术语，在谈到加强生态保护和建设时期明确提出"在全社会大力进行生态文明教育"，生态文明教育是建设生态文明的重要措施。

胡锦涛要求开展节约资源、保护环境的宣传，"在全社会大力宣传节约资源的重大意义，促进全民牢固树立节约资源的观念，培育人人节约资源的社会风尚，坚决遏制浪费资源、破坏资源的现象。""大力宣传生态环境保护和建设的重要性，增强全民族的环境保护意识，营造爱护环境、保护环境、建设环境的良好风气。"

胡锦涛对宣传教育内容做过指示，"加强基本国情、基本国策和有关法律法规的宣传教育，增强全社会的人口意识、资源意识、节约意识、环保意识"。党的十七大报告将人口意识以及节约资源、环境保护、人与自然和谐等意识统称为生态文明观念，要求生态文明宣传教育，使"生态文明观念在全社会牢固树立"，从而为生态文明建设营造良好的社会氛围。这些思想对我国生态文明宣传教育工作起着重要的指导作用。

六是生态科技创新。这是胡锦涛对生态文明建设动力的认识。胡锦涛提出了提高自主创新能力、建设创新型国家的重要科技思想，要求将创新型国家战略落实到经济社会发展的各个领域，将科技自主创新与生态文明建设相结合。

一方面，建设生态文明必须紧紧依靠科技创新，"创新成为解决人类面临的能源资源、生态环境、自然灾害、人口健康等全球问题的重要途径，成为经济社会发展的主要驱动力。"因此，"实现经济发展与人口、资源、环境相协调，离不开科技进步和创新，我们必须坚定不移地依靠科技进步和创新来实现全面、协调、可持续发展。"

另一方面，科技创新必须面向生态文明建设，"要大力研发和推广使用先进能源技术、环境保护技术和资源合理开发利用技术，切实提高能源资源利用效率，改善生态环境。""开发和推广节约、替代、循环利用和治理污染的先进适用技术，发展清洁能源和可再生能源"。科技创新服务于生态文明，就是将生态科技作为科技创新的重点和方向。

七是生态制度完善。这是胡锦涛对生态文明建设政治保障的认识。首先要完善评价体系，这是建设生态文明的根本保证。胡锦涛提出了绿色 GDP 评价体系，"研究绿色国民经济核算方法，探索将发展过程中的资源消耗、环境损失和环境效益纳入经济发展水平的评价体系"。他还提出了干部绿色考核评价体系，"完善体现科学发展观和正确政绩观要求的干部考核评价体系"，将资源环境等指标纳入干部考核评价体系中。

其次要完善体制机制。如果没有机制体制安排，建设生态文明必将落空。因此，胡锦涛要求，"着力构建充满活力、富有效率、更加开放、有利于科学发展的体制机制"，"形成有利于实现可持续发展的体制机制"。

最后要完善政策体系，这是建设生态文明的重要工具。胡锦涛提出："完善有利于节约能源资源和保护生态环境的法律和政策。""坚持节约资源和保护环境的基本国策，关系人民群众的切身利益和中华民族生存发展。""完善反映市场供求关系、资源稀缺程度、环境损害成本的生产要素和资源价格形成机制"，"实行有利于科学发展的财税制度，建立健全资源有偿使用制度和生态环境补偿机制。"在这些思想指导下，我国生态文明建设的评价体系、体制机制、法律政策体系日趋完善。

三、习近平生态文明思想与实践

党的十八大以来，习近平同志围绕我国生态文明建设提出了一系列新思想、新观点、新论断、新要求，进一步回答了什么是生态文明、为什么建设生态文明、怎么样建设生态文明等一系列重大理论和实践问题。这是中国梦在生态文明领域的重要体现。

一是生态文明涉及生态与文明的关系。习近平同志反复强调：生态兴则文明兴，生态衰则文明衰。科学回答了文明与生态之间的关系，正确揭示了生态决定文明兴衰的客观规律。人类经历了原始文明、农业文明、工业文明，生态文明是工业文明发展到一定阶段的产物，是实现人与自然和谐发展的新要求。习近平指出："生态环境是人类生存和发展的根基，生态环境变化直接影响文明兴衰演替。古代埃及、古代巴比伦、古代印度、古代中国四大文明古国均发源于森林茂密、水量丰沛、田野肥沃的地区。奔腾不息的长江、黄河是中华民族的摇篮，哺育了灿烂的中华文明。"恩格斯在《自然辩证法》中写道：美索不达米亚、希腊、小亚细亚以及其他各地的居民，为了得到耕地，毁灭了森林，但是他们做梦也想不到，这些地方今天竟因此而成为不毛之地，因为他们使这些地方失去了森林，也就失去了水分的积聚中心和贮藏库。阿尔卑斯山的意大利人，当他们在山南坡把那些在山北坡得到精心保护的枞树林砍光用尽时，没有预料到，这样一来，他们把本地区的高山畜牧业的根基毁掉了；他们更没有预料到，他们这样做，竟使山泉在一年中的大部分时间内枯竭了，同时在雨季又使更加凶猛的洪水倾泻到平原上。以史为鉴，可以知兴替。当前，我国再也不能走"先发展后治理"的工业文明发展道路，必须走出一条生态文明的道路。我们不能照搬发达国家的现代化模式，因为地球没有足够资源支撑，我们也有特殊的资源环境国情，这也是"胡焕庸线"存在的原因。1935年，中国地理学家胡焕庸划出了一条中国人口密度分界线——"胡焕庸线"。这条线从黑龙江省爱辉（现黑河市）到云南省腾冲，大致为倾斜45度的一条线。彼时，该线东南方36%的国土居住着96%的人口，而西北方近64%的国土面积仅居住着4%的人口。目前，约94.39%的人口居住在"胡焕庸线"东南方43.71%的国土面积上，以平原、水网、低山丘陵和喀斯特地貌为主，生态环境压力巨大；5.61%的人口居住在"胡焕庸线"西北方56.29%的国土面积上，以草原、戈壁沙漠、绿洲和雪域高原为主，生态系统非常脆弱。因此中国必须走出一条自己的生态文明建设之路，对人类有所贡献。对此习近平总书记多次强调，建设生态文明要形成节约资源和保护环境的生产方式、生活方式，这是一条生态优先、生产循环、生活绿色的新型文明发展道路。

习近平同志从时代高度认识生态文明，并要求把生态文明建设放到现代化建设全局的突出位置，把生态文明理念深刻融入经济、政治、文化和社会建设中，努力走向社会主义生态文明新时代，建设生态文明，走生态文明道路是我国现代化的新型道路，中国必须走生态文明的现代化道路。

二是人民生活的幸福。随着物质生活水平的不断提高，人民群众对干净水、新鲜空气、洁净食品、宜居环境等生态产品要求越来越高，与此同时，我国水污染、空气污染、土壤污染等问题集中暴露，生态环境问题演变成突出的民生问题。习近平指出，抓民生要抓住人民最关心最直接最现实的利益问题，良好生态环境是最公平的公共产品，是最普惠的民生福祉。"不能一边宣布全面建成小康社会，一边生态环境质量仍然很差，这样人民不会认可，也经不起历史检验。不管有多么艰难，都不可犹豫、不能退缩，要以壮士断腕的决心、背水一战的勇气、攻城拔寨的拼劲，坚决打好污染防治攻坚战。"这是对生态与民生关系的深刻揭示，极大丰富和发展了我国的民生内涵。

人民对美好生活的向往就是中国共产党的奋斗目标，建设生态文明关系人民福祉，我们要清醒认识保护生态环境、治理环境污染的紧迫性和艰巨性，清醒认识加强生态文明建设的重要性和必要性，以对人民群众、对子孙后代高度负责的态度和责任，真正下决心把环境污染治理好、把生态环境建设好，努力走向社会主义生态文明新时代，为人民创造良好生产生活环境。

建设生态文明不仅是满足当代人对幸福生活的期盼，而且也是确保后代人幸福生活的需要。我们决不能以牺牲后代人的幸福为代价，换取当代人所谓的富足。建设生态文明就要扩大生态生产能力，满足当前与未来人民群众日益增长的生态需要。

三是美丽中国梦的实现。作为中国人的共同追求，中国梦的内容十分丰富，包括富裕中国梦、民主中国梦、文明中国梦、和谐中国梦和美丽中国梦。美丽中国是中国人对生态环境的美好理想，是中国人对工作生活环境的美好期盼，是中国人对绿色中国的美好期待。正如习近平同志所言，建设美丽中国是实现中华民族伟大复兴的中国梦的重要内容。

美丽中国梦还是中国梦的重要前提和根本基础，因为中国梦离不开经济的繁荣、政治的民主、社会的和谐、精神的文明，更离不开良好的生态环境。中共中央党校原副校长李君如也指出，良好生态是子孙后代可持续发展的必备条件，也是助推中国梦的前提。中国梦就是一代又一代的中国人梦寐以求的现代化之梦，这个现代化之梦是红色的，也是绿色的。

既然美丽中国是中国梦的重要内容，只有拥有良好的生态环境才能圆中国梦，那么唯有大力建设生态文明，不断开拓文明发展道路，才能实现美丽中国梦。圆中国梦是生态文明建设的前进方向和根本目标，建设生态文明是实现中国梦的重要手段和根本途径。

四是和谐社会的建设。面对我国资源约束趋紧、环境污染严重、生态系统退化的严峻形势，节约资源、保护环境、修复生态就成为我国建设生态文明的核心任务。首先是节约资源，建设资源节约型社会，这是建设生态文明的首要任务。针对我国水资源、土地资源、能源资源和其他资源紧缺以及浪费问题，习近平同志指出"节约资源是保护生态环境的根本之策。大力节约集约利用资源，推动资源利用方式根本转变，加强全过程节约管理，大幅降低能源、水、土地消耗强度"。其次是保护环境，建设环境友好型社会，这是生态文明建设的主阵地。针对我国水污染、空气污染、土壤污染等各类环境污染问题，习近平同志指出：环境保护和治理要以解决损害群众健康突出环境问题为重点，坚持预防为主、综合治理，强化水、大气、土壤等污染防治，着力推进重点流域和区域水污染防治，着力推进重点行业和重点区域大气污染治理。最后是生态恢复，建设生态良好型社会，这是建设生态文明的紧迫任务。针对我国各类生态问题，习近平同志指出，人类生存的环境只有一个，破坏了很难修复；森林是陆地生态系统的主体和重要资源，是人类生存发展的重要生态保障。我国总体上是一个缺林少绿、生态脆弱的国家。要把义务植树深入持久开展下去，为全面建成小康社会、实现中国梦创造更好的生态条件。要求科学布局生产空间、生活空间、生态空间，给自然留下更多修复空间；加快实施主体功能区战略，划定并严守生态红线，保障国家和区域生态安全，提高生态服务功能。

五是生态经济繁荣发展。生态文明建设的核心问题是处理好生态与经济的关系，发展绿色经济、低碳经济、循环经济等生态经济是实现途径。针对一些地方将经济与生态割裂开来，付出沉重生态环境代价的状况，习近平同志指出，我们既要绿水青山，也要金山银山；宁要绿水青山，不要金山银山；绿水青山就是最好的金山银山。他多次强调：正确处理好经济发展同生态环境保护的关系，牢固树立保护生态环境就是保护生产力、改善生态环境就是发展生产力的理念，更加自觉地推动绿色发展、循环发展、低碳发展，绝不以牺牲环境为代价去换取一时的经济增长。

这些论断深刻阐明了生态环境与生产力、经济发展与环境保护之间的辩证关系，否定了将环境保护与经济发展非此即彼的传统观念，更否定了发展经济必须牺牲环境的错误观念。在传统发展老路走不通也没有条件和可能再走的大背景下，中国只能探索一条新的发展道路，那就是生态优先的生态经济协调发展道路，也就是习近平同志提出的形成节约资源和环境保护的生产方式、产业结构，实现绿色发展、循环发展、低碳发展，大力发展循环经济。

六是用最严格制度最严密法治保护生态环境。加强生态文明制度建设是建设生态文明的根本保障。习近平同志指出，我国生态环境保护中存在的一些突出问题，一定程度上与体制不健全有关，只有实行最严格的制度、最严密的法治，才能为生态文明建设提供可靠保障。要加快制度创新，增加制度供给，完善制度配套，强化制度执行，让制度成为刚性的约束和不可触碰的高压线。党的十八大以来，我们通过全面深化改革，加快推进生态文明顶层设计和制度体系建设，相继出台《关于加快推进生态文明建设的意见》《生态文明体制改革总体方案》，制定了40多项涉及生态文明建设的改革方案，从总体目标、基本理念、主要原则、重点任务、制度保障等方面对生态文明建设进行了全面系统部署安排。

针对我国传统考核评价体系，习近平同志指出，中国不再简单以GDP增长论英雄，"最重要的是要完善经济社会发展考核评价体系，把资源消耗、环境损害、生态效益等体现生态文明建设状况的指标纳入经济社会发展评价体系，使之成为推进生态文明建设的重要导向和约束。"

针对现任官员缺乏保护环境的压力和动力，以牺牲环境换取短期经济利益或自身利益的难题，习近平同志指出："要建立责任追究制度，对那些不顾生态环境盲目决策、造成严重后果的人，必须追究其责任，而且应该终身追究。"

针对自然资源领域的多头管理、权责不清、管理混乱等局面，习近平同志指出，山水林田湖是一个生命共同体，如果种树的只管种树，治水的只管治水、护田的单纯护田，很容易顾此失彼，最终造成生态的系统性破坏。由一个部门负责领土范围内所有国土空间用途管制职责，对山水林田湖进行统一保护、统一修复是十分必要的。这些生态文明制度的重大创新，必将有力推进生态文明建设。

七是生态文化的建设。生态文化建设可以为生态文明建设提供思想保证。习近平同志多次强调，推进生态文明建设，既是经济发展方式的转变，更是思想观念的一场深刻变革。

习近平同志要求在全社会牢固树立尊重自然、顺应自然、保护自然的生态文明理念，保护生态环境就是保护生产力、改善生态环境就是发展生产力的理念，以及绿水青山也是金山银山的生态理念。必须"加强生态文明宣传教育，增强全民节约意识、环保意识、生态意识，营造爱护生态环境的良好风气"。加强宣传教育、创新活动形式，引导广大人民群众积极参加义务植树，不断提高义务植树尽职率，依法严格保护森林，增强义务植树效果，把义务植树深入持久开展下去。

通过广泛而深入的生态文明宣传教育，使全社会形成节约资源和保护环境的生活方式与消费模式。扩大消费是当前推动我国经济社会发展的重要引擎，但是高消费的生活消费方式是造成生态环境问题的一大根源，因此，我们要形成有利于资源环境的生活消费方式。正如习近平同志所言，我们要着力释放内需潜力，大力发展绿色消费和服务消费。

要使社会公众形成自然、健康、适度、节俭的消费方式，养成物尽其用、循环利用、节约资源的生活习惯，必将引领我国成功走上生态文明发展道路。

八是国际合作的加强。建设生态文明，离不开国际合作。2013年，习近平同志在致生态文明贵阳国际会议贺信中指出，保护生态环境、应对气候变化、维护能源安全，是当前全球面临的共同挑战。建设生态文明，引领可持续发展，凝聚了国际社会对生态文明建设的共同关注。中国将继续承担应尽的国际义务，同世界各国深入开展生态文明领域的交流合作，推动成果分享，携手共建生态良好的地球美好家园。

必须加强国际生态合作，努力寻求各国生态共赢，走一条生态和平发展道路，努力建设一个生态和谐的世界。习近平同志在接见瑞士总统时指出，中端两国要深化投资、创新、环保、城镇化等领域合作。中国正在加强生态文明建设，致力于节能减排，发展绿色经济，实现可持续发展。贵州地处中国西部，地理和自然条件同瑞士相似，希望双方在生态文明建设和山地经济方面加强交流合作，实现更好更快发展。基于这些认识，党的十八大以来习近平同志加强与国际社会互动，极大促进了中美、中俄、中欧、中亚、中非等国家和地区之间在能源、环境等生态文明领域的合作与共赢。

九是要加强党对生态文明建设的领导。打好污染防治攻坚战时间紧、任务重、难度大，是一场大仗、硬仗、苦仗，必须加强党的领导。地方各级党委和政府主要领导是本行政区域生态环境保护第一责任人；各相关部门要履行好生态环境保护职责，要建立科学合理的考核评价体系，将考核结果作为各级领导班子和领导干部奖惩和提拔使用的重要依据。

综上所述，中国共产党对生态文明的认识，经历了一个发展过程：从生态不是问题到一般问题再到严重问题，从生态问题是单纯问题到环境与发展问题再到人与自然关系问题，从生态没有价值到经济价值再到人的价值，从生态文明建设没有地位到配角地位再到主角之一，从生态文明建设就事论事到经济措施再到系统推进。从这一进程中可以看出，生态文明建设的地位越来越重要，生态文明建设目的越来越明确，生态文明建设内容越来越丰富，生态文明建设措施越来越系统，表明党对生态文明的认识越来越成熟，中国特色社会主义生态文明理论越来越完善。

地学哲学与生态文明的关系也越来越密切，地学哲学研究必须以习近平生态文明思想为指导，提升问题意识，关注时代课题，引领地学发展思维的转变、生产方式的转变、评价方式的转变，尤其要关注中国资源和环境形势对经济社会发展的影响和二者的关联度，为生态文明建设提供地学科学依据。

第二节　地学哲学的生态文化价值

地学哲学作为科学哲学的一个分支，它研究的是地球运动的最一般规律、人类对地球运动认识的最一般规律，以及地球科学与社会相互作用的最一般规律。地学哲学作为哲学这个大家庭中的一个分支，自然有其文化价值。地学哲学的文化价值是地学哲学在相互作用中在文化方面所具有的效应。

一、摒弃人类中心主义思想

赫胥黎在《人类在自然界的位置》中断言："有关人类的许多问题之一，就是确定人类在自然界的位置和与宇宙间事物的关系，这个问题是一切问题的基础。"[①] 自从人类诞生以来，人与自然的关系就成了人类不得不面对的永恒的矛盾。

人们所具有的人类中心主义思想，如德国康德认为"人是自然界的最高立法者"，英国哲学家洛克提出"对自然的否定就是通往幸福之路"。人类中心主义就是一切以人为核心，把人看作统治自然的力量，一切都以人类的利益为出发点。这是一种傲慢的人类中心主义。

党的十八大把生态文明建设纳入了"建设中国特色社会主义""实现社会主义现代化和中华民族伟大复兴"的"总布局"的"五位一体"（经济建设、政治建设、文化建设、社会建设、生态文明建设）之中。当下的中国正在着力于建设包括生态文明在内的"五位一体"的小康社会，在全球性的生态危机和中国现代化面对的资源匮乏的大背景下探讨中国生态文明思想资源和制度建设，固有的传统文化是最珍贵的思想资源，最终能否实现现代性的转化很大程度上取决于中国哲学特别是地学哲学能否在保持自身特色的基础上回应现代

---

① 赫胥黎. 人类在自然界的位置 [M]. 北京：科学出版社，1971：52.

科学、西方哲学、生态学的挑战，并与之进行平等对话，如何在现代性的叙事背景下重新焕发生机。

客观存在决定主观意识，人类中心主义显然违背了认识规律。恩格斯早就针对这种观点进行了驳斥："如果说人靠科学和创造性天才征服了自然力，那么自然力也对人进行报复。""我们不要过分陶醉于自然界的胜利。对于每一次胜利，自然界都报复了我们。"地学哲学关于人地关系的揭示、地学发展与经济发展的关系的研究、地学哲学与经济可持续发展的研究成果等，无不都是对人类中心主义的科学驳斥和有力回击。

二、引导科技发展与环境保护的平衡

地学的发展，为社会的整体经济发展提供了必要的支持，而经济的发展反过来又对地学的发展提供了必要的帮助，促进了包括地学在内的众多学科的蓬勃发展。如马克思、恩格斯《共产党宣言》所说，"资产阶级在它的不到一百年的阶级统治中所创造的生产力，比过去一切世代创造的全部生产力还要多，还要大。自然力的征服，机器的采用，化学在工业和农业中的应用，轮船的行驶，铁路的通行，电报的使用，整个大陆的开垦，河川的通航，仿佛用法术从地下呼唤出来的大量人口，——过去哪一个世纪能够料想到有这样的生产潜力潜伏在社会劳动里呢？"① 生产力的发展，带来了技术变革，同时也加大了人类对自然界的改造力度，在科技发展与环境保护之间，势必要寻求一个平衡点。

即使是应对生态危机，所需要的仍是复杂的社会工程，没有科技的参与，这样的工程肯定举步维艰。另一个令人不能忽视的方面是，科技的发达已然成为悬在人类头上的达摩克里斯之剑，对人类的生活环境和伦理的未知风险越来越难以掌控。国际性的未来学研究组织罗马俱乐部发布的《增长的极限》已经从技术和资源的层面摧毁了无限增长的神话，认为纯粹的技术和政策手段都不可能带来根本性扭转，应该寄希望于社会发展方向的转变，这样的转变要以

---

① 马列著作选编（修订本）[M]. 北京：中共中央党校出版社，2011：216.

个人和国家的价值、目标变革为基础。

在这种时代背景下人们不禁去追问发展科技的方向和边界在哪里？科技发展与生态保护能否和谐共存、共同发展？实现这种可能需要今天的学者以开放、务实的态度回应物质文明和现代化带来的种种挑战，更应以时代的价值维度系统地、创造性地整合传统文化资源。地学哲学关于"加强科学研究，指导找矿探矿""按照客观规律，发展地质事业""从国情出发制定找矿方针""运用辩证法指导找矿工作""加强地学研究，充分发挥地球科学在可持续发展中的作用"等，正是对当前生态文明建设在地学领域中的挑战的回应。唯有如此，才能引导地学研究与生态保护的共同发展。

三、转变经济发展的思维方式

当今世界面临着日益严重的能源危机、环境危机，人类只有改变对自然环境和资源过分掠夺的经济发展方式，协调人与自然之间的关系，维护生态平衡，才能化解各种矛盾和危机。

当前，生态环境问题已经成为制约我国发展的现实阻碍，社会主义道德理应顺应社会发展需要，从人与自然的角度，延伸和发展社会主义道德，把生态道德纳入社会主义道德建设之中，我们今天应该重视地学在社会发展中的基础作用，正确认识我们所居住的地球，爱护地球，形成人与自然和谐发展的观念，实现地学的可持续发展，正确地运用现代地学理论，让地学真正造福人类。

在促进地矿事业的发展发挥作用的前提下，分析世界资源形势，在社会基础资源结构危机与希望共存，争夺与协调相伴的时期中，我国必须贯彻持续、稳定、协调发展的方针，实行集约型资源发展模式，协调人与自然的关系，开拓地学新探索新领域，根据我国矿产资源探明储量及持续利用的形势，不仅要冲破传统找矿勘探思路，更新地质思维，发展地质科学理论，还要运用现代技术，转变经济增长方式，从粗放型向集约型转变，使矿产达到综合利用。

参考文献

[1] 马克思恩格斯全集［M］．北京：人民出版社，1972．

[2] 恩格斯．反杜林论［M］//马克思恩格斯全集（第2卷）．北京：人民出版社，1972．

[3] 恩格斯．自然辩证法［M］//马克思恩格斯全集（第20卷）．北京：人民出版社，1972．

[4] 马列著作选编（修订本）［M］．北京：中共中央党校出版社，2011．

[5] 恩格斯．自然辩证法［M］//马克思恩格斯全集（第20卷）．北京：人民出版社，1972．

[6] 毛泽东选集（1-4卷）［M］．北京：人民出版社，1991．

[7] 邓小平文选（第1-2卷）［M］．北京：人民出版社，1994．

[8] 邓小平文选（第3卷）［M］．北京：人民出版社，1993．

[9] 习近平谈治国理政［M］．北京：外文出版社，2014．

[10] 习近平谈治国理政（第2卷）［M］．北京：外文出版社，2017．

[11] 习近平党校十九讲［M］．北京：中共中央党校出版，2014．

[12] 习近平在哲学社会科学座谈会上的讲话［R］．2016．

[13] 习近平总书记在全国生态环境保护大会上的讲话［R］．2018-05-20

[14] 白屯．地学思维论纲［M］．北京：中国科学技术出版社，1995．

[15] 白屯．现代地学系统思维：从地学哲学的理论创新来看［J］．中国地质教育，2002（3）．

[16] 白屯．徐霞客地学哲学思想述评［J］．自然辩证法研究，1995（7）．

[17] 白屯．中国地学哲学研究15年［J］．自然辩证法研究，1996（8）．

[18] 白屯．地学思维论纲［M］．中国科学技术出版社，1995．

[19] 曹代勇, 彭方思, 王婷京, 等. 对山东矿业经济区划定量方法探讨 [J]. 中国矿业, 2008 (5).

[20] 程颢, 程颐著. 二程集 [M]. 北京: 中华书局1981: 29、30.

[21] 程颢, 程颐. 河南程氏遗书 [M]. 王孝鱼, 点校. 北京: 中华书局, 2004: 120.

[22] 陈都. 儒家 "和合" 思想对构建和谐社会的指导意义 [J]. 鸡西大学学报, 2008 (4).

[23] 程磊. 论苏轼岭海山水诗与 "天地境界" [J]. 大连理工大学学报 (社会科学版), 2012 (4): 95 – 100.

[24] 道藏 (第16册) [M]. 文物出版社、上海书店、天津古籍出版社, 1988: 722.

[25] 诸大建. 地学哲学研究综述 [J]. 哲学动态, 1989 (05): 17 – 19.

[26] 段联合, 徐继山. 中国传统地学中的文化解读 [M]//地学哲学与地学文化. 北京: 中国大地出版社, 2008.

[27] 冯友兰. 中国哲学史 [M]. 重庆: 重庆出版社, 2009: 135.

[28] 关凤峻. 论我国矿业经济及其特点 [J]. 中国矿业, 2004 (4): 5 – 8.

[29] 高桂星. 入世对我国矿业经济发展的影响及对策 [J]. 中国国土资源经济, 2004 (6).

[30] 国家发改委、外交部、商务部. 推动共建丝绸之路经济带和21世纪海上丝绸之路的愿景与行动 [M]. 北京: 外教出版社, 2015.

[31] 姜玮. 江西矿业经济发展现状与路径分析 [J]. 企业经济, 2012 (7).

[32] 简煊祥. 基于引力模型和0 – 1规划模型的建阳市矿业经济区划研究 [J]. 中国矿业, 2012 (11).

[33] 关凤峻. 矿业经济与可持续发展 [J]. 中国地质矿产济, 2000 (2).

[34] 干飞. 矿业经济全球化中的企业与政府 [J]. 资源与产业, 2007 (5).

[35] 赫胥黎. 人类在自然界的位置 [M]. 北京: 科学出版社, 1971.

[36] 霍功. 先秦儒家生态伦理思想与现代生态文明 [J]. 道德与文明, 2009 (3).

[37] 黄勤, 吴克宁. 从地学哲学角度认识我国土地问题 [C]//中国自然辩证法研究会地学哲学委员会第十届学术会议代表论文集. 北京: 中国自然辩证法学会, 2005.

[38] 姜同绚, 毛远明. 唐代墓志五篇误读考证 [J]. 古籍整理研究学刊, 2013 (3).

[39] 贾凤梅. 室内小生境的构筑研究 [D]. 长春: 东北师范大学, 2007.

[40] 卢靖. "一带一路" 完成顶层设计 对接沿线国家发展战略 [N]. 第一财经日报

（上海），2016 - 03 - 07.

[41] 雷礼锡. 苏轼山水艺术美学的哲学基础与主要范畴 [J]. 韩山师范学院学报，2011（1）.

[42] 李慧勤，王恒礼. 地学文化的哲学底蕴 [M] //地学哲学与地学文化. 北京：中国大地出版社，2008.

[43] 雷援朝，段联合，彭建兵. 地质学思维 [M]. 西安：西安地图出版社，2000.

[44] 李慧勤，创新 创新思维 创新思维培养 [M] //创新思维与地球科学前沿. 北京：中国大地出版社，2002.

[45] 李鹤. 张平宇. 矿业城市经济脆弱性演变过程及应对时机选择研究——以东北三省为例 [J]. 经济地理，2014（1）.

[46] 刘粤湘，赵鹏大. 传统矿业的变化与新型矿业经济的发展 [J]. 中国矿业，2002（3）.

[47] 雷泽恒，乔玉生，许以明. 郴州市矿业经济可持续发展的探讨 [J]. 中国矿业，2009（2）.

[48] 刘波. 广义地学哲学体系初探. [C] //中国自然辩证法研究会地学哲学委员会第十届学术会议代表论文集. 北京：中国自然辩证法学会，2005.

[49] 刘孝蓉，胡明扬，苏志华，等. 贵州矿业经济与环境保护协调发展研究 [J]. 中国矿业，2013（12）.

[50] 李红丽. 地矿类专业大学生生态道德教育研究 [D]. 北京：中国地质大学，2014.

[51] 马少平，段怡春. 中国古代地球科学文化发展简史 [M] //地学哲学与地学文化. 北京：中国大地出版社，2008.

[52] 欧阳志远. 地学哲学的学科地位及其范畴 [J]. 自然辩证法研究，1998（5）.

[53] 彭玉鲸. 中国古代有机论自然观的地学哲学探迹索隐 [J]. 吉林地质，2000（2）.

[54] 孙美堂. 从价值到文化价值——文化价值的学科意义与现实意义 [J]. 学术研究，2005（7）.

[55] 宋飐，王士君. 王雪微，等. 矿业城市生命周期与空间结构演进规律研究[J]. 人文地理，2012（5）.

[56] 孙平军，修春亮. 东北地区中老年矿业城市经济系统脆弱性 [J]. 地理科学进展，2010（8）.

[57] 王文捷. 苏轼山水诗文中自然审美观探析 [J]. 广西民族大学学报（哲学社会科学

版），2008（5）.

［58］王恒礼．地学发现的逻辑探讨［M］//创新思维与地球科学前沿．北京：中国大地出版社，2002.

［59］吴尚昆，侯华丽，董延涛，等．区域矿业经济优势与储量优势协调性评价［J］．资源与产业，2012.

［60］王来峰．陈兴荣．罗利波．我国矿业经济分区问题研究的回顾与展望［J］．中国国土资源经济，2011.

［61］吴义生．论新时期的人地关系——从地学哲学研究视角谈学习实践科学发展观［J］．自然辩证法研究，2009.

［62］吴凤鸣．再论地学、地学哲学一词的溯源演化及其新概念［C］//中国自然辩证法学会．中国自然辩证法研究会地学哲学委员会第十届学术会议代表论文集．北京：中国自然辩证法学会，2005.

［63］王子贤．地学哲学的研究特点与理论成就［C］//中国自然辩证法研究会第五届全国代表大会文件．北京：中国自然辩证法研究会，2001.

［64］王子贤．新编地学哲学概论［M］．北京：地质出版社，2000.

［65］新华网．专家解读新常态下一带一路：为中国经济带来重要增长动力［N］．2015－03－07.

［66］叶育登，方立明，奚从清．试论创新文化及其主导范式［J］．浙江大学学报（人文社会科学版），2009（3）.

［67］姚华军，刘伯恩，陈俊楠，等．当前矿业经济形势及未来展望［J］．中国国土资源经济，2014（1）.

［68］杨正存，王申强．湘西州矿业经济可持续发展的几点思考［J］．资源与产业，2012（2）.

［69］杨明，潘长良，刘中．矿业经济、资源、环境协调发展控制研究［J］．系统工程，2004（2）.

［70］朱训．21世纪中国矿业城市形势与发展战略思考［J］．中国矿业，2002（1）.

［71］朱训．关于矿业企业发展的几个问题［J］．中国矿业，2002（6）.

［72］朱训．实行全球能源战略建立全球供应体系［J］．中国矿业，2003（5）.

［73］朱训．关于中国能源战略的辩证思考［J］．自然辩证法究，2003（8）.

［74］朱训．实行全球能源战略建立全球供应体系［J］．国际石油经济，2003（4）.

[75] 朱训.关于中国能源战略的辩证思考 [J].中国能源,2003 (9).

[76] 朱训.关于矿业企业发展的几个问题 [J].资源·产业,2003 (1).

[77] 朱训.关于矿业城市的几个问题——在第六届中国矿业城市发展论坛发言 [J].资源·产业,2005 (3).

[78] 朱训.白银市在转型中前进——关于白银市推进转型的调研报告 [J].中国矿业,2005 (7).

[79] 朱训.中国能源资源形势与战略对策 [J].中国矿业,2005 (1).

[80] 朱训.关于发展绿色矿业的几个问题 [J].中国矿业,2013 (10).

[81] 朱训,雷新华,欧强.阶梯式发展与生命进化 [J].自然辩证法研究,2013 (8).

[82] 朱训.论矿业与可持续发展 [J].中国矿业,2000 (1).

[83] 朱训.经济全球化对中国矿业的影响及对策建议 [J].科技导报,2000 (9).

[84] 朱训.阶梯式发展是物质世界运动和人类认识运动的重要形式 [J].自然辩证法研究,2012 (12).

[85] 朱训.加速矿业城市可持续发展步伐为全面建成小康社会而努力奋斗 [J].中国矿业,2004 (1).

[86] 朱训.矿业城市的可持续发展是振兴东北老工业基地的基础 [J].资源·产业,2004 (5).

[87] 朱训.新世纪中国矿业面临的任务与发展战略思考 [J].中国矿业,2001 (1).

[88] 朱训.地学哲学研究的形势与任务——在吉林省地学哲学学会成立大会上的讲话 [J].吉林地质,1998 (1).

[89] 朱训.世界矿业的发展特点及对中国矿业的启示 [J].中国矿业,1999 (1).

[90] 朱训.加强地学哲学研究,充分发挥地球科学在可持续发展中的作用——在全国地学哲学委员会第七届学术会议上的讲话 [J].自然辩证法研究,1999 (3)

[91] 朱训.在为国服务中发展自然辩证法 [J].自然辩证法研究,2010 (3).

[92] 朱训.找矿哲学概论 [M].北京:地质出版社,1998.

[93] 朱训.朱训论文选——地学哲学卷 [M].北京:中国大地出版社,2003.

[94] 朱训.朱训论文选——自然辩证法卷 [M].北京:中国大地出版社,2011.

[95] 朱训.朱训论文选——矿业城市卷 [M].北京:中国大地出版社,2015.

[96] 朱训,林芳.阶梯式发展论——地学哲学研究之启迪 [M].北京:科学出版社,2017.

［97］周尚意，孔翔。朱竑．文化地理学［M］．北京：高等教育出版社，2004.

［98］周尚意，戴俊骋文化地理学概念、理论的逻辑关系之分析——以"学科树"分析近年中国大陆文化地理学进展［J］．地理学报，2014（10）.

［99］张杰．地学革命与地质学演化关系的哲学思考［D］．西安：长安大学，2013.

［100］张彦英．地学哲学与科学发展——在全国地学哲学第八届理事会暨第十二届学术年会上的报告［J］．自然辩证法研究，2009（10）.

［101］张碧波．人文地理学与文明中心观之始原——读《尚书·禹贡》［J］．黑龙江社会科学，2006（1）.

［102］张永平．矿业经济可持续发展的财政政策体系设计［J］．商代，2009（9）.

［103］张继国．论地缘文化［J］．社科纵横，2011（9）.

［104］张慧君，胡绍荣．地学哲学：世纪之交的回眸与展望［J］．吉林地质，2000（2）.

［105］周进生，鞠建华，姚钰莹．以铜陵为中心构建国家级矿业经济试验区问题初探［J］．中国矿业，2013（8）.

［106］赵京燕，齐平生．地学哲学：为国服务科学发展［N］．中国矿业报，2010 - 05 - 18.

编后记

《地学哲学价值研究》一书是国家重大社会科学基金"地学哲学再研究——为了找矿突破战略行动"项目的阶段性成果，也是中国地质大学（北京）马克思主义学院教学重点改革的重要内容。

改革开放以来，随着国民经济的持续快速发展，我国部分重要矿产资源保障程度不断降低，特别是石油、铀、铁、铜、铝土矿、锰、铬、钾盐等大宗矿产自给不足，对外依存度不断攀升。因此，矿产资源供需矛盾日益加剧，严重制约着国民经济持续快速发展的进程，并在一定程度上危及国家经济安全。虽然近年来在地质找矿上取得了一些进展，甚至个别矿产有重大突破，但目前就整体来看提高找矿效率仍是一个问题，这可归结于成矿理论和找矿理论的局限性以及找矿方法的不适应性。正是在这种背景下，2011年10月19日国务院召开第176次常务会议，通过审议了《找矿突破战略行动纲要（2011—2020）》，确定了"358"阶段目标，意欲通过三年、五年、八年的阶段性目标，重塑我国矿产开发格局。

矿产是一种客观存在，因而矿产是可认识的。矿产资源勘查的高风险暗示着我们尚未找到正确的认识途径，也表明我们对客观世界的发展规律以及认识过程本身的规律尚认识不足。

从项目整体来说，要关注四个大问题：一是要遵循找矿实践中的认识论，实现"358"战略目标；二是辩证认识"危机矿山"，揭示找矿突破的深层原因；三是改变工程师思维方式，挖掘深部找矿的潜力；四是顺应地学哲学研究趋势，引领地学走向科学的综合化和整体化。基本任务是关注地学哲学的理论研究，关注地学哲学思维研究，关注地球系统科学与找矿之间的关系研究。

《地学哲学价值研究》一书，主要从理论上阐述地学哲学的价值与使命，具体说来，主要论述地学哲学的历史传承；地学哲学与中华地学文化；地学哲学的文化价值；地学哲学的经济社会价值；地学哲学的生态文明价值等。

此书的撰写，也为我校学生思维力、认识力、逻辑力等学习能力的训练与提高提供了参考，是我校教学改革具有地学特色的重要内容。

我的同事和研究生参与了本书的编写工作，其中高怀林老师参与了书稿的策划工作，研究生徐雅楠、段雪翠等参与了书稿的资料收集等工作，我本人进行了全书的撰稿统稿工作。

本书的写作，参阅了大量同行的论著和研究成果，也得到了知识产权出版社贺小霞编辑的大力支持，在此一并表示深深的感谢。

2018 年 11 月于中国地质大学（北京）